「我失去了露珠。」
花兒對剛失去滿天星斗的晨空哭訴
　　　　　　　——泰格爾《漂鳥集》

施惠教授的大作要出版了,這是驚奇,但一點都不意外。

讀完此書之全文,不禁由衷發出讚嘆。施教授的大作顧名思義即為天文教育的著作。其行文特色為融會中西,貫通古今,深入淺出,饒富趣味。雖名為科普之作,但其中蘊含了豐富的哲學思維與文學興趣,就其內涵與價值而言,堪稱是科教的楷模、通識的典範。

施教授是我就讀師專時的生物科啟蒙老師,也是我返回母校新竹師範學院(今為國立新竹教育大學)任教後的同事。物理、化學、天文、地科都不是她原來的專長,可是在從事科學教育的路上,施教授勤奮學習的毅力與追根究底的精神讓人相當敬服。她不僅廣泛蒐集資料並勤於閱讀,同時她也在持續的旅行探訪與不恥下問中,務求科學知識的梳理與理解,而對於原本陌生的天文軟體、電腦繪圖的學習乃至於英文文獻與古籍閱讀,更在退休之後奮力不懈地自我學習。在此書中,處處都顯示施教授的用功成果。

正確的科學知識與迷思概念的破除是科學教育的基礎。施教授在科學教育上最具貢獻之處在其教學方法的創新。在精確的知識掌握下,施教授永遠能發揮創意及實際觀察、操作的精神,設計出令人稱奇與信服的教材、教具與教學方法。更甚者,施老師總是願意在教學中無私地與學生與研習者分享,並能從教學相長中繼續反省與改進所設計的教材教法。此書即為集結歷年來在天文教育研究與教學的成果,也是所有師生同事期盼已久的大力之作。

我忝為施教授學生多年,很慚愧在兼職行政工作後總以業務纏身為藉口而未能繼續追隨學習。今有幸能首閱此書,除表驚奇與讚嘆之外,更深信往後之系列著作不論對社會大眾或科教工作者,不論對學生或老師而言,都有可觀與可用之處,故謹綴數語以為之序。

國立新竹教育大學校長

陳惠邦

本書作者施惠教授長期從事國小科學教師師資培育研究和實務工作，並致力於自然與生活科技教科書的編撰，尤其是針對一般教師在教學上常感到困難的地球科學和天文學，她更能善用許多教學策略、方法和媒體發展出有利學生學習的教學單元。如今，她把這方面的專長和經驗延伸到本書的撰述，雖然是針對中小學生到一般社會大眾的科普教育，但她在取材和寫作風格上，仍然秉持其一貫作風，一方面考慮與日常生活密切聯結，另一方面強調自然科學在知識、方法和本質上的特點，讓讀者能體驗和欣賞科學的眞、善和美。本書內容包括對星星的認識、觀察和故事，嘗試從科學探究和神話故事兩種不同的角度，引發讀者對滿天星星的夜空有不同的體驗和遐想，值得仔細研讀與玩味。

國立彰化師範大學講座教授

郭重吉

序

天文學是一門總成科學，因此學習者要在各種基礎科學知識都完備的條件之下，才比較容易學習。

本書一開始即定位為戶外觀星的科普叢書，科普作品不是把科學內涵加以稀釋，以利灌輸，而是讓科學的求真和善、美結合，讓讀者能享受到真知的滿足與閱讀的樂趣。

科學研究的結果是嚴謹的，它告訴我們金星距地球多少公里、火星距地球多少公里；然而在神話故事中，金星是愛神，是美夢；火星是戰神、是災難。這是生活，生活中自有他的真善美，讓觀象定位授時的科學概念，和你我是什麼星座的人間閒話，都存在在日常生活中，是可以接受的。科學信仰、神話信仰、宗教信仰都是生活，它們陪我們渡過青春大好時光，也無損我們的科學素養。

這本書關照的主旨是科學，知道了生日星座的科學解析，你的生活會更踏實，遇上逆境，你也可以說「別迷信甚麼星座，面對現實吧！」這樣襟度寬宏的話了。

人類自古就崇拜天神，崇拜太陽，於是有太陽神，崇拜月娘，就有月神，日神月神都只有一個，很好拜；星星那麼多，就需要發揮一點創意來編排了。我們的祖先夜裡看天空，就編出許多神話，說哪些神祇在哪些季節當值，在夜空巡視。告訴我們說諸神在天上各個不同的方位，遠遠地護佑著大地。說實在的，用星星神話說星象真是太有創意了，直到現在，我們都還想著天神看星星哪！

這本小書希望能讓現在的小學生、中學生、大學生、老學生都懂得探討「觀象定位授時」的內涵，回答「現在大約是幾更天了」這樣的小問題，也讓我們仰頭看星星的時候，記得問問自己能不能像我們的祖先一樣又會觀象授時，又會說些神話。

天上的無數繁星，很像造物者隨手灑了一把芝麻，似乎極為抽象又無跡可循，但在觀星愛好者的眼中，卻是那麼條理分明、井然有序。知識的先行者為我們設計了學習的工具，諸如天球儀、星座盤以及各式各樣的應用軟體，從前只能在個人電腦上操作，如今進步到可以用手機或平板下載，成為隨身的觀星好幫手，有了這麼

方便又可靠的工具，從此星星更近人、閃閃爍爍更可看。感謝諸多前輩的辛勞，為這本無字天書加註了圈點、眉批，才幫助我們漸漸讀懂了星空的奧祕。

在此書中，若遇到窒礙難讀之處，大可跳過，也可不依章節順序，挑各人有興趣的部分來讀。此書為便利使用者，編成了手冊形式，方便大家按圖找星星，看起來像是一本圖中插文而非文中插圖的作品。筆者才疏學淺，疏陋必多，謹請惠賜指教。

本書之編成要謝謝許多參加天文專題研習的中小學教師們，其實我把每一位老師的一雙眼睛都當做明星，深悟教學相長之說；謝謝任致遠，無休止地幫我審校文稿；謝謝時常一起觀星的伙伴們；更謝謝歐震博士提供專業天文照片，使本書的內容能夠開展一個新頁。

Contents 目錄

第二章
四季星座 *045*

第四章
古代中國的星空概覽　　*157*

第一章 我們熟悉的
生日星座與
明亮的行星

古人夜觀天象，注意到天體的總總規律與變化，為了便於記錄，於是將一些看似相鄰近的星星分別區分成群，並發揮想像力，用各種熟悉的動物、人物、或器物加以命名，稱為星座（或者星宿），接著附會以動人的神話故事以引人入勝更方便辨識與記憶。

　　說起星座就不能不提到生日星座，起源自古代兩河流域，古巴比倫人依他們的觀星所得，結合迷信算命就慢慢發展出星座命相之說。

　　我們則可以由生日星座學習地球公轉、自轉和黃道與歲差等科學知識。

　　由地球上看過去，太陽好像在黃道上日行一度，每天所在的位置都不同，古中國的占星之術認為太陽與這些星座互動，其變化可以影響世上的人事物，好的影響稱為「吉」；壞的影響稱為「凶」。由此衍生出傳統生活中家家必備的黃曆。可常見於古典文學之中，例如元代無名氏《連環記》四折：「今日是黃道吉日，滿朝眾公卿都在銀台門，敦請太師入朝授禪。」，

　　然而在天文科學上，黃道的真相究竟是什麼？當我們仰頭觀星的時候，自問能不能像老祖先一樣又會觀象授時，又能講出精彩又豐富的神話與傳說呢？

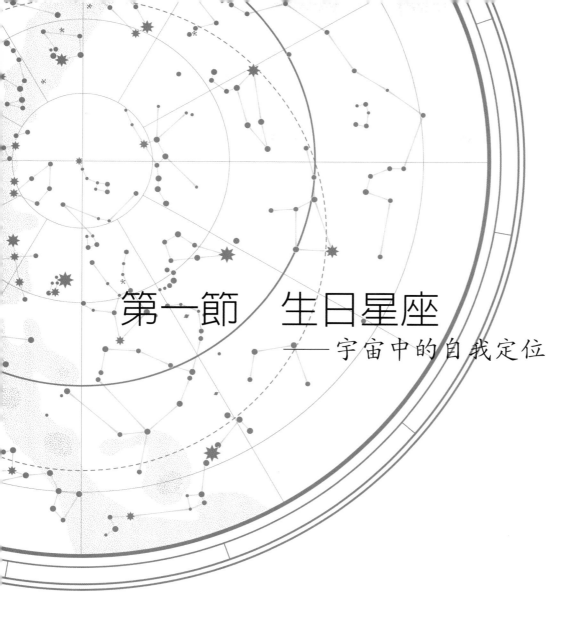

第一節　生日星座
——宇宙中的自我定位

希臘哲學家柏拉圖對宇宙的論點之一是：觀察的目的並非為了尋找晚餐，而是要「靜思天的秩序」。天空中繁星密布看似無序其實有律，要學習其中的規律，從星座入門是公認最好的方式。

回想多年前，隨團去黃山旅遊，晚餐後站在花崗岩山頂上仰望星空，默想著柏拉圖的名言「靜思天的秩序」，一時不覺物我交融，此情此景終生難忘。

在異地觀星是一種不同的享受，朋友們驚豔於當晚星光燦爛，完全有別於平地看到的星空，都想在戶外多待一會兒，很快地也就「聊上了天」。他們要我介紹天上的星座：「……這幾顆星連起來，像是手牽手的兩個人，就是雙子座；另外的這幾顆星星，是金牛座，它有長長的兩隻牛角，尖尖的牛臉和一隻橘紅色的牛眼……」，忽然有人問到：「雙子座？金牛座？那些不是算命的生日星座嗎？怎麼天上也有？」這樣的發問還真令我傻眼！原來占星命理竟已深植人心，但天文科學的基本知識卻在逐步消失。觀星的文化該往哪個方向推廣？我從那時沉思至今……。

生日星座的由來

　　提到觀星，許多人的聯想不過就是到戶外看看星星，聽聽古代的星座神話，彼此問問：你是什麼生日星座？然後再交流對各星座性格特徵的觀察心得，並且提出解析。然而這些「星座專家們」果真了解生日星座是什麼嗎？

　　古代巴比倫人是逐水草而居的游牧民族，生活在中亞的兩河流域，夜晚還需輪班守夜，以防狼群來襲，長夜漫漫百無聊賴，注意力的焦點只能在那滿天星斗之上。大約在 3000 年前，當時有個值夜者發現「天上的某個星座連續幾個夜晚都未曾出現」，這件事情引起了大家關注。整理長年追蹤紀錄，赫然發現一年之中有十二個星座會依序消失，如果從春分開始排一年，它們消失的順序就是：牡羊、金牛、雙子、巨蟹、獅子、處女、天秤、天蠍、射手、摩羯、水瓶、雙魚；消失的日期大約是前一個月的 20 日前後，到下一個月的 20 日前後，時間大致都是一個月。當時認為各人出生之時，天空消失的那個星座，會主宰一生的性格與命運茲事體大，因此發明了生日星座，影響了人類的歷史、文化和活動，深入人心直到如今！

生日星座	出生日期	生日星座	出生日期
牡羊座	3 月 21 日～4 月 20 日	天秤座	9 月 24 日～10 月 23 日
金牛座	4 月 21 日～5 月 21 日	天蠍座	10 月 24 日～11 月 22 日
雙子座	5 月 22 日～6 月 21 日	射手座	11 月 23 日～12 月 22 日
巨蟹座	6 月 22 日～7 月 23 日	摩羯座	12 月 23 日～1 月 20 日
獅子座	7 月 24 日～8 月 23 日	水瓶座	1 月 21 日～2 月 19 日
處女座	8 月 24 日～9 月 23 日	雙魚座	2 月 20 日～3 月 20 日

註：在天文學上，各生日星座正式的名稱略有不同：

　　　牡羊座→白羊座；處女座→室女座；射手座→人馬座；水瓶座→寶瓶座

從生日星座學會地球公轉

為什麼這十二個星座會依序輪流地消失再依序逐個出現呢？合理的推論是：

· 「太陽後方的星座，會和太陽同時升起、同時落下，所以我們日夜都看不到它。」

· 「每個月太陽的背景星座會逐個更換。」

這樣的推論，是可以多方面求證的！我們不妨用角色扮演的遊戲試試看，因為這個方法最容易體會「由地球上看過去所看到的情形」。這件事情裡提到了哪些角色？有太陽、地球上的觀測者和十二個生日星座。那麼如何扮演呢？其中最需要查詢的是生日星座，因為要將它們在空中的位置，正確地排列出來，那就要用到天球儀或星座盤了。

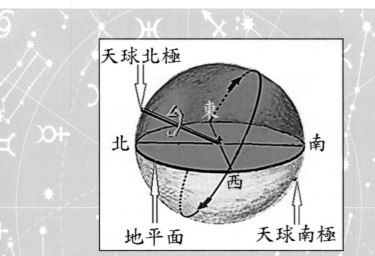

▲圖 1.1.1　我們像是置身於天球之中，仰望星空，群星東升西落。

我們能夠看出星星的方位和仰角，但是看不出它們和我們的距離。星星雖然有的近有的遠，卻好像都嵌在一個球面上。所以天空看起來像一個大圓頂，罩在我們的頭頂上。我們好比置身於一個架空的天球內部，仰著頭望夜空。

實際上，古人累積了長期的觀星紀錄，早已知道斗轉星移的規律了，辨識星座也精準無比。依據前人留下的寶貴資料加以整理，綜合實際觀測星空的資訊，可將各星點正確地標定在一個天球儀上（見圖 1.1.1）。

在北京古觀象台的展覽廳裡，有一個古銅色的大圓球，球上鑲了代表星星的許多銅釘，這些銅釘之間還繪有連線，也就是我們的祖先「將一些看起來相鄰近的星星一群群連起來」的星圖，那是明代製作的一個天文儀器——渾象。

其實它是一個純中式的天球儀，上面畫的紅色圈，是天球赤道；而黃色圈則是黃道，星點大小均一（見圖1.1.2）。仔細看！照片裡黃道線最下方的一段，有金牛座這個生日星座呢！它像個橫臥的Y字，不過中國叫金

▲圖1.1.2　北京的古觀象台裡，展示了明代製作的渾象。

牛的這個部位為畢宿。在這個渾象旁邊，有一塊明代英宗皇帝寫的〈觀天器銘〉說明牌，有如下的幾句話：

「……中儀三辰、黃赤二道。日月暨星、運行可考。……外有渾象、反而觀諸。上規下矩、度數方隅。……」

意思是說：「……中間的三辰儀，有黃赤二道。日、月、星三種天體的運行軌

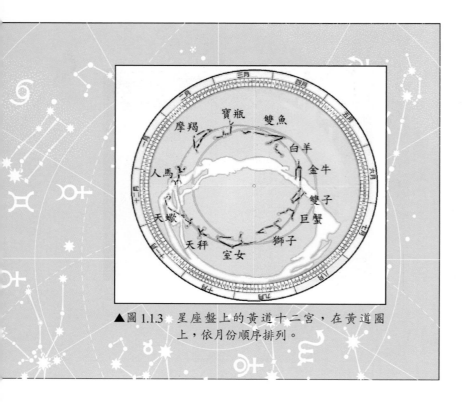

▲圖 1.1.3　星座盤上的黃道十二宮，在黃道圈上，依月份順序排列。

跡都可察可考。……此外這個渾象，是由天外觀看日、月、星辰的。其上有規、其下有矩，可度量仰角和方位。……」

然而天球儀畢竟是個球狀物，為了攜帶方便，就只好把立體的天球儀平面化，做成星座盤，這樣，才方便我們在觀星的時候，當作一個隨身參考的工具。

在星座盤的大圓盤上，十二個生日星座依月份順序在黃道上排成一圈，稱之為黃道十二宮，如圖 1.1.3。

星座盤上面畫的是我們抬頭看到的天，不過星座盤太小，要研究清楚，還需將它放大一些，再置於頭頂去看。

依星座盤所呈現的，將黃道十二宮依序貼在一把傘上，放在胸前，看到它們是依月份以順時鐘方向排列的；但是將傘高舉放在頭上，由下方中央往上看，就會發現十二個生日星座其實是逆時鐘方向排列的（見圖 1.1.4）！

▲圖 1.1.4 （左）放在胸前看，黃道十二宮呈順時鐘方向排列；
　　　　　（右）放在頭頂看，黃道十二宮則呈逆時鐘方向排列。

【角色扮演活動設計】

　　完成從星座盤到星座傘的探究之後，接下來就可以進行角色扮演的活動了。先要確定誰扮演甚麼角色；每個角色代表的生日星座或是太陽、地球都要各安其位！其中生日星座需依月份順序以逆時鐘方向排列。

▲圖 1.1.5 角色扮演研討生日星座的成因

　　在圖 1.1.5 之中，扮演地球的人，可以清楚地看到當時和太陽同方向的是白羊座，或者說白羊座是太陽的背景星座。

　　由於太陽和各星座在空中的位置，看起來幾乎是不動的，下一個月太陽的背景星座變成了金牛座，遊戲時就不能讓金牛座跳一格，而是扮演地球的人必須移位。

　　如此，可以主動建構出地球以逆時鐘方向繞日公轉，一年一周，太陽的背景星座也就跟著逐日改變了。

　　我們看不出太陽、星星和地球的距離不同，以致因地球繞日公轉，而認為太陽每個月入宮到一個新的生日星座之中，並將太陽的這種視運動軌跡稱為黃道，請參看圖 1.1.6 和 1.1.7。

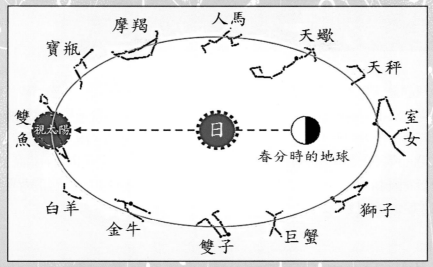

▲圖 1.1.6　地球上的觀測者，將太陽看成在它的背景星座上。

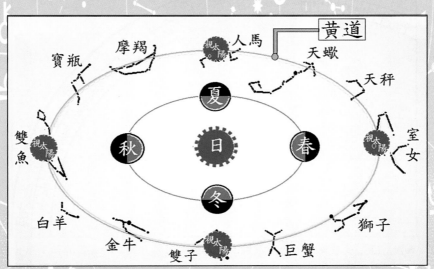

▲圖 1.1.7　因地球公轉，由地球看過去太陽背景星座逐日不同，太陽似乎是每月入宮到一個新的星座上，連接此等星座，出現一條虛擬的黃道軌跡線。

歲差

　　地球的形狀是不完全的球狀對稱，密度也不是均勻分布的，受太陽、月亮和行星引力的影響，自轉軸的方向會慢慢改變。每一年太陽的背景星座比較前一年同期者，都會有些微的差異，這種現象叫做「歲差」。在累積了兩、三千年的歲差之後，太陽的背景竟然整整提前了一個星座，導致各人的生日星座也因而錯亂了。

　　請參看圖 1.1.8，今日星座盤上，明示著 3 月 21 日～4 月 20 日太陽的背景星座不再是白羊座，而是雙魚座了！

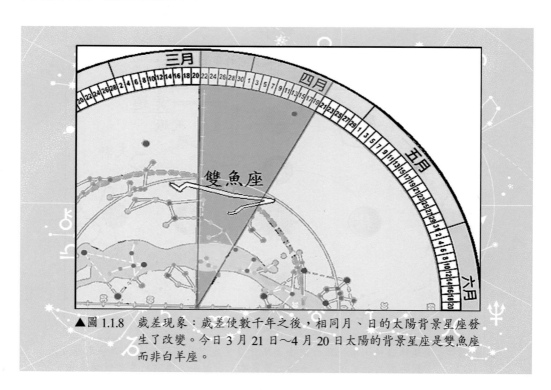

▲圖 1.1.8　歲差現象：歲差使數千年之後，相同月、日的太陽背景星座發生了改變。今日 3 月 21 日～4 月 20 日太陽的背景星座是雙魚座而非白羊座。

兩、三千年前，夏至那天太陽由巨蟹座（Cancer）方向直射北回歸線，所以北回歸線叫做 Tropic of Cancer。由於歲差的關係，如今夏至那天，太陽改由雙子座方向直射北回歸線，不過北回歸線的英文名稱，仍然沿用舊名。

　　有一次在花蓮，大家忙著拍照的時候，有人看到北回歸線標示上的英文翻譯，驚訝地問：「北回歸線的英文怎麼會寫成 Cancer？Cancer 不是癌症嗎？」

　　天上的 Cancer 是巨蟹座，地上的 Cancer 是北回歸線，人間的 Cancer 是癌！

　　我們居住在北回歸線經過的臺灣，才能看到這個標誌，也讓我們有機會體驗到歲差的問題（見圖 1.1.9 和 1.1.10）。

▲圖 1.1.9　花蓮靜浦濱海北回歸線上的標誌

▲圖 1.1.10　臺灣有北回歸線經過，由西向東經過下列各地：澎湖海域、嘉義縣市、高雄市玉山南峰北端、南投縣、花蓮縣。

同樣地，南回歸線的英文是 Tropic of Capricorn。Capricornus 是摩羯座，如今冬至時太陽直射南回歸線，太陽的背景星座已經不再是摩羯座而是人馬座了；所以南回歸線的英文名稱，也在沿用舊名。

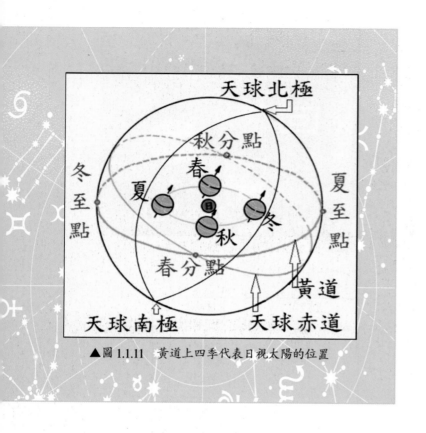

▲圖 1.1.11　黃道上四季代表日視太陽的位置

地球繞日公轉，地軸又和黃道面有 23.5 度的夾角，夏至時太陽直射北回歸線；冬至時太陽直射南回歸線；春分、秋分時太陽直射赤道。四季太陽對各地的照射角度不同，因此產生了四季變化。

我們看不出日、月、星辰和地球之間的距離，以致認為每天太陽都在其背景星座處，例如夏至時以為太陽由黃道上夏至點照射地球，冬至時以為太陽由黃道上冬至點照射地球……（見圖 1.1.11）。

四季代表日「視太陽」在黃道上的位置，分別名之為春分點、夏至點、秋分點、冬至點。歲差使數千年後，如今相同月、日的太陽背景星座發生了改變（見圖 1.1.12）：

・春分點由白羊座西移到了雙魚座　・夏至點由巨蟹座西移到了雙子座
・秋分點由天秤座西移到了室女座　・冬至點由摩羯座西移到了人馬座

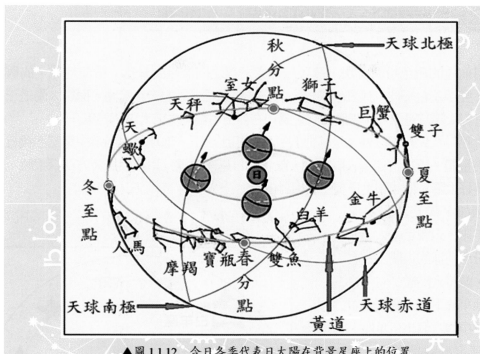

▲圖 1.1.12　今日各季代表日太陽在背景星座上的位置

【日月歲差】

　　太陽和月球對地球赤道隆起的引力作用，引發地軸相對於慣性空間的轉動。使「視太陽」的位置（例如春分點），在固定時間（月、日）的背景恆星前，約以每年 50 秒，或每 72 年一度的速率，在 12 個黃道帶生日星座之間緩緩的退行。

從生日星座看懂地球自轉

　　用前述的角色扮演方法，還可以探索一夜之間群星的升落。扮演地球上的觀測者，雙手左右平伸，代表地平線，前方是我們看得見的天空範圍。面對太陽是正午、背對太陽時是半夜；天將黑時太陽正在西下；黎明之前太陽正要東升。

　　太陽系八大行星之外才是其他的恆星，相比之下，地球是太陽系中第三圈繞日運行的星體，所以地球離太陽很近，離各生日星座很遠。用角色扮演方法探索時，要先排好太陽、地球和生日星座的相對位置。

　　例如太陽的背景星座是白羊座，天剛黑時太陽西下，扮演地球的人雙手左右平伸，並將太陽撇到右手後方（地平線下），觀測者看到夜空中的六個生日星座，由西到東分別是金牛、雙子、巨蟹、獅子、室女和天秤（見圖 1.1.13）。

　　夜半時分，扮演地球的人背對太陽、雙手左右平伸，觀測者看到夜空中的六個生日星座，由西到東分別是巨蟹、獅子、室女、天秤、天蠍、和人馬（如圖 1.1.14）。

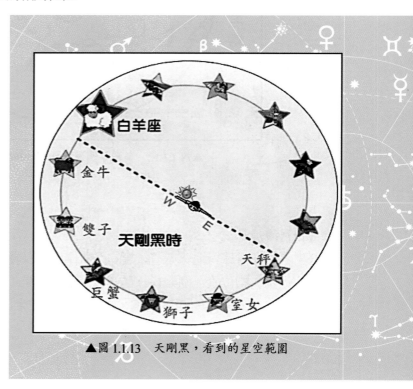

▲圖 1.1.13　天剛黑，看到的星空範圍

天將亮時，太陽即將東升，扮演地球的人雙手左右平伸，並將太陽撇到左手後方（地平線下），觀測者看到夜空中的六個生日星座，由西到東分別是天秤、天蠍、人馬、摩羯、寶瓶和雙魚（如圖 1.1.15）。

地球逆時鐘方向自轉，看起來群星和太陽都相對地東升西落。一夜之間，只有太陽的背景星座無法看到：而背對太陽的午夜，在子午線（南、北連線）附近的星空，是由天黑到次日黎明，整夜都能看到的星空範圍。

我們在地面上看日、月星辰東升西落，以為那是天旋，其實看到的是地球自轉的相對運動。

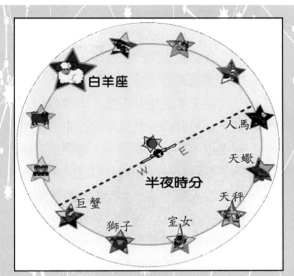

▲圖 1.1.14　半夜時，看到的星空範圍

▲圖 1.1.15　黎明前，看到的星空範圍

看自己的星座在夜空中浮沉

　　最初制定生日星座時，每個人生日的當天，都不會看見自己的生日星座，真要問一聲這蒼茫星海，誰主浮沉？

　　幾千年之後，正像「天增歲月人增壽」一樣，歲差改變了天地，一個人生日的當天，是有機會看見自己的生日星座的，因為它比太陽落入地平之下的時間晚了一點！這一點「時間差」，就讓搶看自己的生日星座的人有了機會，只是掌握這機會除了要看好時間，還要自己的生日星座有明顯的亮星才行，否則還來不及看清楚，它就沒入地平線了！所以一般說來，並不鼓勵大家急於在生日當天望向星空，找空中自己的生日星座！

　　若是想看看自己的生日星座，建議您選「和您生日相距七個月之後的日子」最為合適，因為那幾天您的生日星座由升起、中天到落下，都在夜空中。例如 4 月 21 日出生的人是金牛座，「和生日相距七個月之後的日子」是 11 月 21 日，用星座盤查看一下，當天金牛座晚上八點鐘在東方、仰角 15～45°；午夜中天；次日清晨五點即將西落，仰角在 15～45°（見圖 1.1.16）。

　　為什麼選出「和您生日相距七個月之後的日子」，就能在夜晚看到自己生日星座的升落呢？因為生日當天看不到太陽背後的生日星座，但是六個月之後，地球繞到太陽的另一側，晚上就是看自己生日星座的最好時機了。三千多年前制定的生日星座表，加上歲差的修正，要看自己星座在空中浮沉，就須再加一個月了！

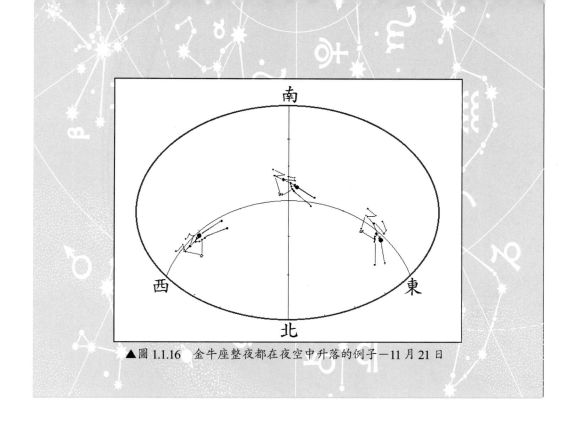

▲圖 1.1.16　金牛座整夜都在夜空中升落的例子─11 月 21 日

小結：

　　生日星座是兩三千年前，中亞的巴比倫人制定的。他們認為每個人有他的星座，生日當天看不到，因為那天自己的生日星座會隨太陽同升同落。由於看不出各星球或太陽距我們有多遠，也因著地球公轉，以為每月太陽依序輪流入宮到十二個生日星座上，這條太陽視運動的軌跡叫「黃道」，黃道本身與人生的禍福凶吉並無相關！

　　以角色扮演的遊戲方式去體會立體星空「是天旋？還是地轉！」，據此認識地球運動對於觀星產生的各種影響。也由長期的觀察和記錄，得知地球公轉一直在緩慢地「退行」，因此導致了歲差的現象。

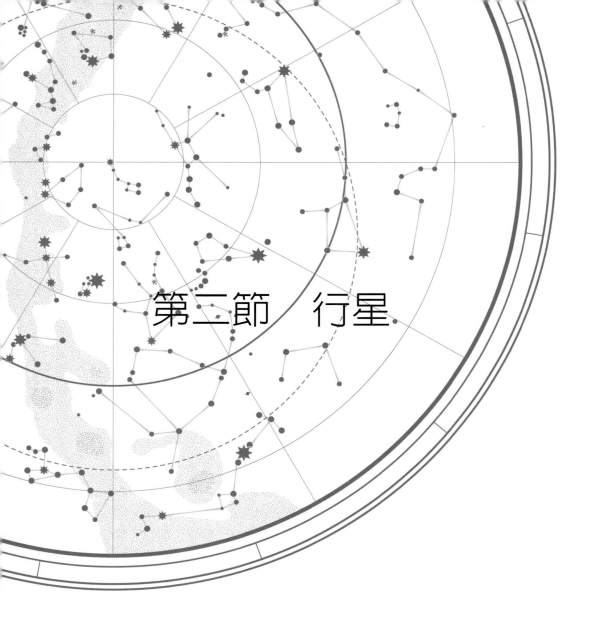

第二節　行星

太陽系裡，八大行星都順著太陽的自轉方向，由西向東繞著太陽公轉，地球也是太陽系裡的行星之一。

夜空中常見比其他星星都耀眼的行星，我們也熟悉如「金、木、水、火、土」等行星的名字，但是星座圖上卻無法標示這些行星，只知它們都在黃道附近！

試以金星為例，探討行星異於恆星的種種特性；再以海王星為例，說明行星的公轉週期；之後另以火星「熒惑守心」為例，完整探討行星的順行、逆行等天象。此外也會提到關於行星們的一些神話故事。

行星必在黃道附近

　　2012 年三月底的傍晚，夜空中有三顆亮星，西方的一顆更是特別地閃亮，吸引了眾人的注視，查看星座盤，上面並沒有畫記！我停下腳步，慢慢看著那時的星空，獵戶座、天狼星、老人星都在空中，但是相比之下它們的光芒顯得暗淡許多，這三顆應該是行星了！行星本身不發光，只能反射陽光，因為我們太陽系裡的兄弟姐妹們，彼此之間的距離比其他的恆星近得太多太多，看起來當然分外明亮。

　　太陽四周繞行的行星，由內向外，依序為水星、金星、地球、火星、木星、土星……。生日星座等恆星，則在更外圈。由地球上看出去，太陽、各行星和十二個生日星座幾乎都在黃道面附近（見圖1.2.1）。

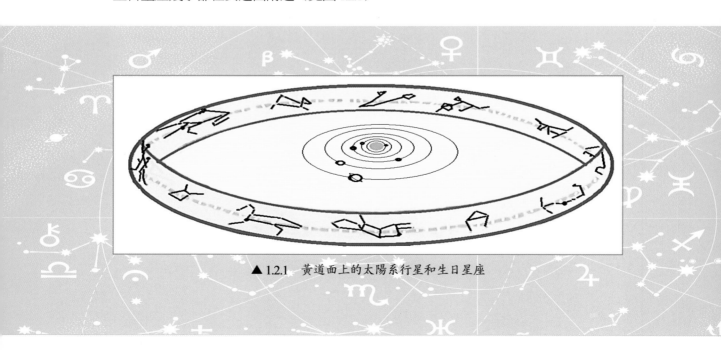

▲ 1.2.1　黃道面上的太陽系行星和生日星座

已知行星與十二個生日星座都在黃道面附近，就該在附近的星空中找尋生日星座。果然，我找到了金牛、雙子、獅子，它們眞的依生日星座的月份順序，以逆時鐘方向排列著！熟練這個原則以後，就可以在夜空中辨識黃道；反之也可以在黃道上準確推測，那些不明顯的生日星座位置。

　　再上網查看，當晚在黃道上的行星是木星、金星、火星，其中金星最亮，我將看到的星空，畫在日記本中，補入了看不清楚的巨蟹座和室女座，同時也把星點的顆粒大小，以目視亮度來標示（見圖1.2.2）。

　　在那天之後，就常用這種畫圖的方法，寫我的觀星日記了。

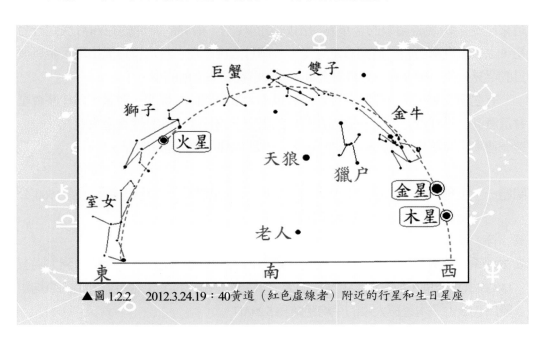

▲圖 1.2.2　2012.3.24.19：40黃道（紅色虛線者）附近的行星和生日星座

金星亮度和位相的變化

　　十多年前，和幾位教授一起到美國考察科學教育，在加卅大學柏克萊分校的校園裡，看到夜空中一顆好亮的星星，我說應該是金星，黃教授說：「是遠處的街燈吧！哪有那麼亮的星星。」……，真妙！這位很少觀星的人，用了一個很貼切的形容詞—街燈！

　　2012 年的一月到五月初，在「日落萬山巔」之後，西天出現亮似街燈的金星，引人駐足觀賞，比起來，同時在星空中的木星就不夠亮了！那年由三月開始，金星越來越亮，傍晚時耀眼的金星點綴出好美的夜空，最亮的時間約在四月底到五月初，之後就漸漸轉暗，直到看不見了，一個月之後，在六月六日這天出現了金星凌日的罕見天象。接下去，想再看金星，就要選在黎明之前的東方了！

　　有些朋友會在這一段時間裡夜夜觀星，大家都期待、提問、討論，為什麼金星會這麼亮？為什麼它不是一直都在黃昏的天空？為什麼它的亮度會產生變化？……這一連串的問題其實是大家共同的疑惑，也是必須回答的關鍵問題。

問題一：金星體積小（赤道半徑 6051 公里）、木星體積大（赤道半徑 7 萬 1900 公里），為什麼金星看起來比較亮？

解　答：

(1) 太陽系中八大行星繞日公轉，金星在地球內圈、木星在地球外圈。地球到太陽有 149,597,871 公里，稱它為 1AU（一個天文學上的距離單位）、金星與太陽的平均距離為 0.72AU、木星與太陽的平均距離為 5.20AU。

(2) 金星、木星都反射陽光，二者體積大小相差很大，但是受到距離的影響，離太陽愈遠，能接受與反射的陽光愈少（見圖 1.2.3）。

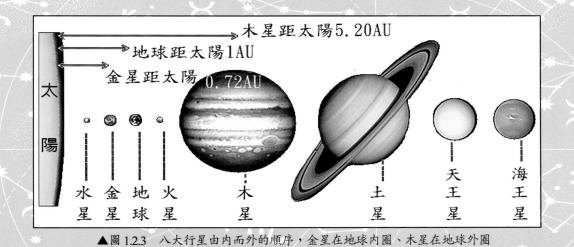

太
陽

木星距太陽5.20AU

地球距太陽1AU

金星距太陽 0.72AU

水星　金星　地球　火星　木星　土星　天王星　海王星

▲圖 1.2.3　八大行星由內而外的順序，金星在地球內圈、木星在地球外圈

以 2012 年 3 月 24 日那天的天象爲例，那天金星的目視星等是－4.46、木星則是－2.08，金星距離地球近、木星距離地球遠，所以我們看到金星比較亮。

問題二：爲什麼只能在清晨或傍晚看金星？

解　答：再用角色扮演的方法試試看！太陽的位置在中央，當地球自轉時，夜空中在地球內、外圈的行星應該站在哪裡？才會被地球上的人看到呢（見圖 1.2.4）？

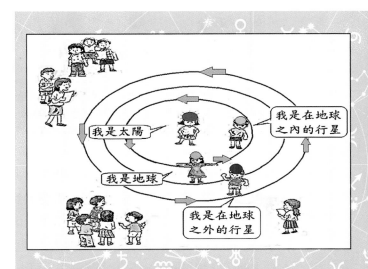

我是太陽

我是在地球之內的行星

我是地球

我是在地球之外的行星

▲圖 1.2.4　用角色扮演的方法探究「何時可見在地球內、外繞日運行的行星」

金星是太陽系中繞日公轉的八大行星之一，在地球的內側，它在太陽和地球的中間、或是在太陽背側時，金星幾乎和太陽同升同落，我們日夜都看不見它。

黃昏時陽光漸弱，有機會見到金星在西方地平之上。黎明時曙光漸亮，也有機會見到金星在東方地平之上。我國古代稱金星爲太白金星，當時有人雖然觀察入微卻不明就裡，竟然曾將金星誤認爲是兩顆不同的星呢！早上出現在東方時叫啓明，傍晚出現在西方時叫長庚，這也是我們喜歡的名字，眞有趣！

將金星和地球繞行太陽的軌道畫出來，如圖 1.2.5，就容易說明了。

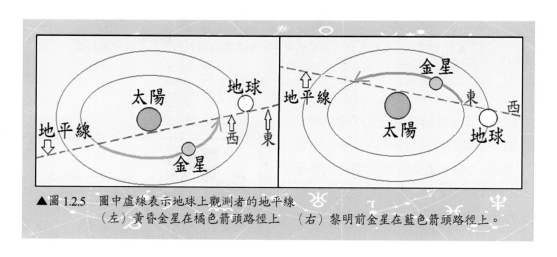

▲圖 1.2.5　圖中虛線表示地球上觀測者的地平線
　　　　　（左）黃昏金星在橘色箭頭路徑上　　（右）黎明前金星在藍色箭頭路徑上。

2013 年由夏至（6 月 21 日）開始，每天傍晚在落日上方的金星，都十分引人注目，並且亮度日增，這種情形一直發展到 11 月 23 日，到達最高峰，其間金星的目視星等由－3.84 逐漸變成－4.79，之後日漸轉暗，到冬至（12 月 23 日），目視亮度爲－4.75，接下來的夜晚（19:00）看不到金星，再見到它，將是 2014 年 2 月初的日出之前了（請見圖 1.2.6）。相關資訊，可上網查詢。

▲圖 1.2.6　2013.7.11.（農曆初四）19：08 高鐵新竹站（手機拍攝）
　　　　　月亮：視星等－8.06　方位／仰角：271 度／18 度
　　　　　金星：視星等－3.71　方位／仰角：281 度／17 度

問題三：為什麼金星的亮度會產生變化？

解　答：

金星不發光，會反射陽光。它循著繞日公轉軌道運行時，位置和地球的距離會跟著變化；同時還會導致我們看到「金星有類似月相的位相變化」（見圖 1.2.7 和圖 1.2.8）。這兩種情況，都會讓我們觀察到它的亮度在改變。

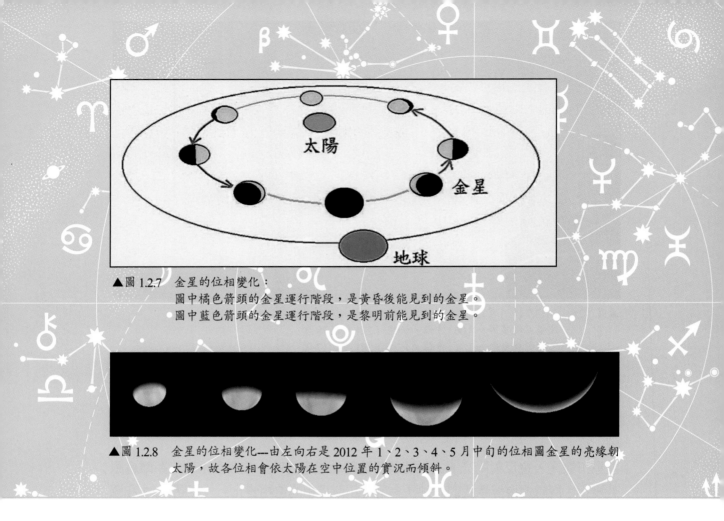

▲圖 1.2.7　金星的位相變化：
圖中橘色箭頭的金星運行階段，是黃昏後能見到的金星。
圖中藍色箭頭的金星運行階段，是黎明前能見到的金星。

▲圖 1.2.8　金星的位相變化──由左向右是 2012 年 1、2、3、4、5 月中旬的位相圖金星的亮緣朝
太陽，故各位相會依太陽在空中位置的實況而傾斜。

　　金星與地球的距離由遠而近時，看起來它漸漸增大。在黃昏時利用雙筒望遠鏡
或天文望遠鏡，我們有機會看到金星由似凸月、到似上弦月、到似眉月連續變化的
位相變化；而黎明前則有機會看到金星由似眉月、到似下弦月、到似凸月連續變化
的位相變化。此等變化與太陽、地球、金星三者相對位置有關。

以前地心說的擁護者曾詰難哥白尼的日心說，問：「如果水星、金星在地球軌道之內環繞太陽運行，就該看到它像月亮一樣有月相變化。」當時哥白尼很有信心地回答：「以後等到幫助視力的儀器發明出來，就會讓大家看到金星的位相變化了！」

　　400 多年前伽利略（Galileo Galilei, 1564～1642）終於用他自己發明的望遠鏡，看到了像一彎鐮刀形的金星和其他位相的金星……。今日我們可以用雙筒望遠鏡或天文軟體看到這些金星的位相！

　　科學的探索，有些正如此例，先有假說，再有驗證實據。

金星凌日

　　金星凌日是很罕見的天文現象，2012 年 6 月 6 日本世紀最後一次「金星凌日」，事前各媒體都爭相報導：

　　「臺灣各地可以見到全部過程，約於上午 6 時 11 分 49 秒起，金星開始自日面的東北側移入，橫過日面後約於中午 12 時 48 分 15 秒，由日面的西偏北側移出，結束這次金星凌日現象，歷時 6 小時又 36 分鐘。

　　絕對不可在毫無任何保護裝置之下，用肉眼直視太陽，因為可能會造成眼睛的永久損傷（觀測及攝影時須加裝適當的濾光裝置）。」

　　這篇報導對我這樣的追星人來說真是太誘惑了，像金星凌日這樣的事早該在安排自己行程的時候，預先把這一天騰出來的，但我卻在早先答應了彰化永靖國小的演講。畢竟和大家一樣，我只是個業餘的天文愛好者，錯過的天文奇景也不只這一次。當天一早趕往新竹高鐵站，在前腳踏進車廂的時候，才猛然想起「今天的天文要事」，就立刻取出濾光鏡片想看看正在發生的金星凌日，無奈雲層很厚，連太陽都只是隱約可見而已。車才起動，就接到阿遠在他住處打來的電話：

阿遠：「媽！您快看金星凌日，已經開始了！」
筆者：「我在高鐵車上，要去彰化……」
阿遠：「我正在用雙筒望遠鏡投影觀看……，我拍下來留給您看吧！」

　　2008 年我隨高雄天文學會去新疆看日全食，回來之後曾經向家人描述過如何用雙筒望遠鏡投影看日食，卻不曾以實物示範或以照片顯示給他們看過，阿遠這次會

操作成功嗎？

　　當天中部地區艷陽高照，到了彰化永靖國小，他們竟然在操場架設了天文望遠鏡，所以意外地在我未開始演講之前，就有機會清楚地看到了在圓圓的橘色太陽面上，有個小黑點，那是金星的背光面！

　　回家的途中，由手機裡知道兩位朋友在臉書上已分享了阿遠在陽光下，用雙筒望遠鏡投影方法拍到的金星凌日照片。看到他用投影技巧拍下的記錄照，我很喜歡，連空中的雲彩也入鏡了，照片中的金星看似太陽上的一顆小黑點，正要開始劃過日面（見圖 1.2.9）！

　　這種方法看日食或金星凌日，既方便、又有趣、又安全。簡單介紹如圖 1.2.10。

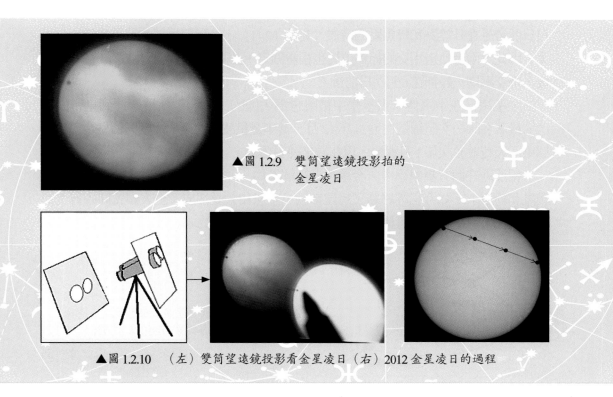

▲圖 1.2.9　雙筒望遠鏡投影拍的
金星凌日

▲圖 1.2.10　（左）雙筒望遠鏡投影看金星凌日（右）2012 金星凌日的過程

金星凌日：其成因是金星正好運行在太陽和地球的中間，也被視為是一種迷你版的日食現象，因為金星的視直徑只有太陽的 115 分之1，所以僅僅能藉由望遠鏡見到一個小黑點從太陽表面經過。不像一般認知的日食那樣，由於月球和太陽的視直徑約略相當，當日食發生的時候，月球可以局部甚至完全遮住太陽。

　　據查金星凌日發生的機率每 243 年僅 4 次，上次的金星凌日發生於 2004 年 6 月 8 日，該日在臺灣適逢颱風，因此那次的金星凌日在臺灣許多地方因天氣不佳而無法看到。下次將發生在 105 年後的 2117 年 12 月 11 日。錯過 2012 年這次金星凌日的朋友們，除非有幸可以長命百歲，否則難以親睹太白金星再度凌日，幸好我們這次清楚拍下的金星照片，可以留給後人參考留念。

　　金星公轉軌道面與地球公轉軌道面（黃道面）有約 3.4 度的夾角，所以金星凌日只能發生在升焦點和降焦點的時候（見圖 1.2.11）。金星與地球的公轉軌道變動不大，因此，兩者軌道相交的節點位置也相當固定，升交點一般都發生在 12 月 9 日前後，降交點則一般都在 6 月 7 日前後。

　　金星凌日在中國傳統占星學中被附會為大凶的天象，數次被牽連到皇帝的死亡。最著名的一次記錄是在 1874 年 12 月，當年金星凌日之後，清朝同治皇帝卻正好感染了天花並於次年 1 月駕崩，現在看來純屬巧合。

　　相反地在西方星象學中，金星凌日被解讀為「通過慈悲和大愛，解決人世間的戰亂和紛爭」。如今已經終結了封建帝制，慈悲和大愛卻成了全人類認同的普世價值，現代人生逢太平，何其有幸！

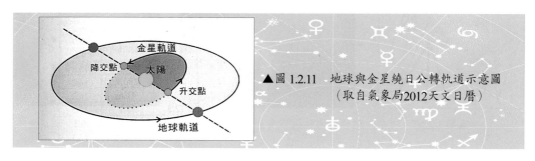

▲圖 1.2.11　地球與金星繞日公轉軌道示意圖
（取自氣象局2012天文日曆）

海王星的發現——行星的公轉週期

2011 年某日，接到一位同事的電話：

同事：「我的學生要畫發現海王星的繪本，在畫面中科學家用天文望遠鏡對準
　　　的星空可以隨便畫幾個星座嗎？」

筆者：「當然不可以，必須依照當時的紀錄……，發現的年、月、日
　　　是……？」

同事：「是 1846 年 9 月 23 日，你那兒有相關的星空資料嗎？」

筆者：「我需要查證一下」……

　　1846 年 9 月 23 日，德國柏林天文臺在一個推算的位置上，透過天文望遠鏡實際
找到了海王星。當時它的方位在摩羯座和寶瓶座之間，當晚土星也在那附近。海王
星，目視星等 7.85，肉眼看不到它，而土星目視星等 1.15，用肉眼可以看到。

　　我把相關資料交給那位同事之後，晚上曾和家人聊到此事，第二天阿遠問我：

　　「昨天聊到了海王星，我很好奇所以就用 Stellarium 搜尋了一下，沒想到過了這
麼多年，它竟然還在寶瓶座那裡！只不過附近沒有看到土星！」

　　我心想怎麼會有這等怪事？立即查閱相關資料，赫然發現海王星的繞日公轉週
期長達 165 年，如果由 1846 年算起，到現在（2011 年）它豈不是恰好完成了一次公
轉，幾乎又回歸到當年被發現時的位置（見圖 1.2.12）！

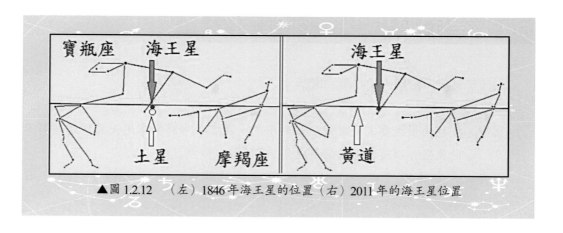

▲圖 1.2.12　（左）1846 年海王星的位置（右）2011 年的海王星位置

　　當意識到我們可能合力完成了一個「**行星週期的解說 Pattern**」，我關上電腦螢幕重新整理思緒：一開始絕對是無心插柳，然而長期的教學訓練，讓我已經習慣性地將所有的可用資訊，導入並運用到自己的各項研究之中，這些資訊林林總總，有時是水、有時是渠，當準備工作一切就緒，所謂「水到渠成」幾乎就只剩下時間的問題了。

【海王星的發現】

・海王星是由天文計算而發現的行星。

・天王星發現不久，有人注意到它的運行總是略為偏離天體力學計算的軌道，於是推測，可能有一個另外的行星在它的外側，干擾了它的運行。

・1845 年英國劍橋大學數學系的學生亞當斯首先計算出海王星的質量和運行軌道，並寄給皇家天文臺的臺長艾里。由於人微言輕，亞當斯的研究未受重視。

・1846 年 9 月 18 日，法國巴黎天文臺的勒威耶也提出類似的研究給德國天文臺的伽勒，伽勒在接信的當晚（9 月 23 日），由天文望遠鏡找到了海王星。

太陽系各行星與太陽的平均距離和公轉週期*

行星	與太陽的平均距離	公轉週期
水星 （Mercury）	0.39AU	87.97 日
金星 （venus）	0.72AU	224.70 日
地球 （Earth）	1.00AU	365.2425 日
火星 （Mars）	1.52AU	686.98 日
木星 （Jupiter）	5.20AU	11.86 年
土星 （Saturn）	9.54AU	29.46 年
天王星 （Uranus）	19.20AU	84 年
海王星 （Neptune）	30.10AU	165 年

＊AU：天文單位，1AU 相當於地球與太陽的平均距離 149,597,871 公里。

＊由前列資料發現太陽系中，越外圈的行星，繞日公轉的週期越長。

＊上表所列之年、日為地球時間

熒惑守心——行星的順行與逆行

　　火星，當今太陽系最受矚目的行星，色紅如火而得名，古代中國稱爲「熒惑」，將其視爲火神（熒）、或怪星（惑）；西洋古天文學者，將其視爲希臘神話戰神 Mars 的化身。在長期觀察中，中國歷代星官們發現到一個「重大」的規律：每若干年，天上兩顆帶著紅色調的明亮星體，似乎會「異常地接近一次」，其一是熒惑、而另一位主角就是「大火」（天蠍座的心宿二），星官們將其視爲非常不吉利的凶兆，認定是足以妨害帝王統治的象徵，因此鉅細靡遺地記錄、解釋、預言，對此天象，還賦予一個專有名稱：熒惑守心。

　　熒惑守心的天象是什麼樣子？下一次熒惑守心將發生於 2016 年，大家可把握機會去看看（見圖 1.2.13）！

　　有關古代中國對此天文現象的記述，臺灣清華大學黃一農教授在他的專書《社會天文學史十講》裡有深入的探討，他對「中國星占學上最凶的天象——熒惑守心」現象，作了一些整理，略述如下：

　　史書記載西漢末年的「熒惑守心」事件，傳說因此丞相自殺、皇帝暴斃。實際上當年（西元前 7 年－漢成帝綏和二年）並未發生此一天象：台北中央研究院二十五史全文資料的史籍中，記載熒惑守心共二十三次，但有十七次竟然是僞造的!⋯⋯中國歷史上自公元前第三至公元後第七世紀之間，實際發生過的熒惑守心共有三十八次，大多數反而未見文獻記載。

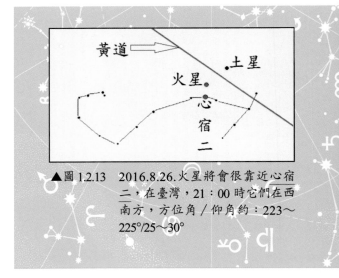

▲圖 1.2.13　2016.8.26. 火星將會很靠近心宿二，在臺灣，21：00 時它們在西南方，方位角／仰角約：223～225°/25～30°

科學探究當爲濟世之本，不該用作個人操弄權謀獲得利益的工具。從統計上看，天文官們僞造數據，散布謠言，謀害忠良，爭權奪利，竟達十七次之多；官方政令，竟有七成以上是謊言，國家之亂可想而知。科學事業的本質是追求眞理，動念之間，必須遵守科學倫理。天文官之事有它的時代背景，千年之前，科學不昌明、教育不普及、人民沒有科學素養，這種技倆才會得逞。歷史的殷鑑，有識之士能不深思警惕嗎？

　　將時間點拉回到現代。當人類登月成功之後，隨著科技的進程，探索宇宙的重點，轉向了地球的鄰居－火星。對它的研究越多、認識越深，越是發覺大家對這顆「惑」星的種種幻想，不但沒有消失，反而從古人眼中的天災、戰爭、火星人……，轉爲有朝一日可能移民去那兒的諸多期待。2012 年的頭條天文盛事，美國航太總署 NASA 發射的好奇者無人太空船，成功登陸火星，並且順利進行各項探索研究，爲地球傳回許多珍貴的資料，揭開了一重又一重的神祕面紗，用新視野和新思維來重新認識這個「人類未來的新方舟」（見圖 1.2.14）！

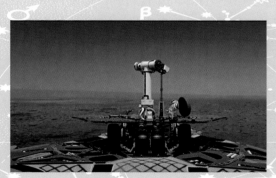

▲圖 1.2.14　美國航太總署 NASA 2012 年發射好奇者無人太空船登陸火星進行探索

試想有朝一日，你我立足火星之上，當我們抬頭仰望星空，看到的會是怎麼一番新天新地？頭一個映入眼簾的會不會是兩個月亮（火星有兩個衛星）？再來呢？碰巧目睹新天文奇景「地球凌日」也不是不可能吧？還是會有所謂「達人」忙著記錄「某星守犯某星」，努力創造新的占星命理神話呢？

　　如果手拿地球版的星座盤，想要尋找天上的任何一個星座，那你可要大失所望了，太陽還是同一個太陽，「視太陽」照樣會在黃道帶上運行，但是由地球上看、和由火星上看，會有什麼不同？……到那時，天蠍還會像隻大蠍子？獵戶還會跟金牛在天上鬥牛？牛郎和織女仍分在銀河兩側、等待七夕相會？我們熟悉的北斗也不再形似湯匙提供指極的服務……。到那時，星座必須重新洗牌了！

　　在那邊指北針這個工具，也許只剩下裝飾的功能了，因為火星沒有全球性的磁場，僅在許多區域具有微弱的磁場而已。

　　話說回來，「熒惑守心」是怎麼回事？火星守在心宿二附近是如何產生的？

　　在太陽系中，各行星繞日公轉，因為地球的軌道週期短於外側行星者，因此會例行性的超越外側的行星，由地球上看過去，感覺原本向東運行的行星會先停下，然後退向西方，稍後地球在軌道上超越了該行星，看起來它又恢復由西向東的運行。這種相對運動的視覺效果，常見於同方向、並行、而速率不同的兩個個體（例如兩列同向行駛的火車）！請參見圖 1.2.15 和圖 1.2.16。

　　在圖 1.2.15 和 圖 1.2.16 之中，行星由西向東繞日公轉，這個天文學上認定的東、西方位是如何判定的？可用地球儀來研究，並以在地球儀前、模型人的右手為西方天空，左手指東方天空。觀測者朝地球的外面觀看，空中日、月、星辰的方位，就這樣統一訂定了。

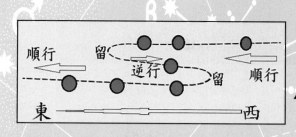

▲圖 1.2.15 火星「順行、留、逆行、留、
　　　　　順行」的路線圖

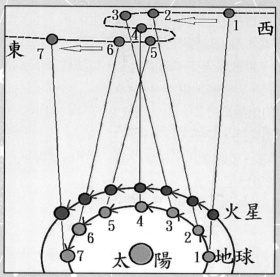

▲圖 1.2.16 「熒惑守心」現象

・由地球上看火星的路徑如圖中上方之虛
　線者。

・在此虛線上 1、2、3 及 5、6、7 之火星
　為順行；4 為逆行。

・我們看在此虛線上 2、3、5、6 的火星，
　似乎「守」在某個空間位置。

・行星逆行的中間點（圖下方之 4 處）距
　地球最近，故逆行時特別明亮。

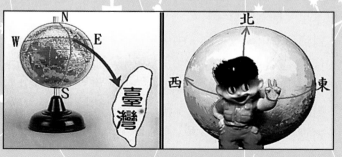

▲圖 1.2.17 地表觀測者判斷天空方位的方法

行星的神話

（一）古代中國人看行星

1.五行占星

　　在中國因著根深蒂固的五行思想，將行星分別命名爲水、金、火、木、土，象徵構成這個世界的五大元素。並認爲跟從木星，以義取天下；跟從火星，以禮取天下；跟從土星，以德取天下；跟從金星，以武取天下；跟從水星，以法取天下。這是西漢將五星應用於占星的思想。《史記・天官書》說：

「曰東方木，主春，日甲乙。義失者，罰出歲星。」

「曰南方火，主夏，日丙丁。禮失，罰出熒惑，熒惑失行是也。」

「曰中央土，主季夏，日戊己，黃帝，主德，女主象也。歲塡一宿，其所居國吉。」

「曰西方秋，日庚辛，主殺。殺失者，罰出太白。」

「曰北方水，太陰之精，主冬，日壬癸。刑失者，罰出辰星。」

‧木星屬木，對應春季，紀日與十個天干中的甲乙對應，凡做了不義之事，由歲星懲罰。當時觀察木星 12 年繞日一周，將天分「十二次」，每年木星經過「一次」，所以木星又稱爲歲星。

‧火星屬火，對應夏季，違反禮制，由火星懲罰。

‧土星屬土，代表中央的天帝，主宰夏末，象徵帝后，主宰德行。當時觀察土星 28 年繞日一周，每年鎮守一宿，故名鎮星。

‧金星屬金，對應秋季，征戰有誤者，由金星懲罰。

‧水星屬水，對應冬季，刑罰有誤者，由水星懲罰。

　　古代並將五大行星尊爲天神，《淮南子・天文訓》：

「東方木也⋯⋯其神爲歲星；南方火也⋯⋯其神爲熒惑；中央土也⋯⋯其神爲鎭星；西方金也⋯⋯其神爲太白；北方水也⋯⋯其神爲辰星。」

2. 太歲

由地球上看，歲星像太陽一樣，由東向西運行。但是和大家熟悉的、由日晷上看到的、十二個時辰行進的方向，正好相反。晷針的影子在晷面依時行進，十二個時辰的順序是子、丑、寅、卯、辰、巳、午、未、申、酉、戌、亥（見圖1.2.18）。

▲圖 1.2.18　日晷上的十二辰

因此有人感到以歲星紀年不太習慣，竟然創造出一個假歲星「太歲」，讓它與眞的歲星背道而行，它能和十二辰方向一致，也用來紀年。例如《漢書・天文志》：「⋯⋯太歲在寅」。

在民間，認爲歲星是福神，太歲是凶神，並認定太歲每年經過的方位，與動

土、營建、遷居、婚嫁有關。太歲若是剛好在地下，當然就「不得在太歲頭上動土」……，於是這個虛擬的星體，還被奉爲神明供養呢！

3. 五星連珠

行星大致都沿著黃道運行，繞日周期各不相同，但總有彼此相近的機會，中國古代將金木水火土五顆行星，相聚在一個星宿內的天象，稱爲「五星連珠」，認爲發生時會改朝換代。

《馬王堆帛書》中提到：「（漢高祖）元年冬十月，五星聚於東井，沛公至霸上。」，說漢高祖元年，五大行星匯聚在東井天區，劉邦進入關中稱王。但是依據天文軟體 Stellarium 的考證，當漢高祖自立爲王時，西元前 206 年 11 月 28 日晚上 11 點的天象，只有土星在東井（雙子座）、木星在畢宿（金牛座）。而西元前 204 年 5 月 27 日傍晚，在西方地平之上才能見到五星連珠（見圖 1.2.19）。所以，《馬王堆帛書》中提到的內容，未免是假借天象傳達「天意」的附會之說。

（二）西方人看行星

有趣的是，東、西方對於行星的名稱是不一樣的。西方人的眼中，這些行星都是神話中最重要的神祇化身，分別以羅馬希臘諸神的名字來命名。例如：

▲圖 1.2.19 由天文軟體 Stellarium 查看中原區（N35° E110°）：西元前 204的五星連珠的天象，在日落後平上方。其背景星座沿黃道而下，有獅子、巨蟹、雙子，在鬼宿附近。

- 水星（Mercury），運行快速的水星是宙斯的信差，腳上穿著有翅膀的魔法鞋，穿梭時空傳達聖旨。
- 金星（Venus），閃閃惹人愛的金星，就像愛與美的女神 Venus，引人遐想。
- 火星（Mars），以它的紅色，使人連想到流血或戰火的顏色，代表殘暴嗜殺的戰神 Mars。
- 木星（Jupiter），它的體積是行星家族中的老大，所以認定它是宇宙的主宰、眾神之王，Jupiter 就是宙斯羅馬文的名字。
- 土星（Saturn），是 Jupiter 的父親，也是農神，民以食為天，可見它多麼重要。

小結

　　看到亮星、星座盤上沒有標示，那可能就是行星了，該去上網查看，它是哪個行星。看到行星時，你可曾試著去找附近的生日星座？因為它們都在黃道附近。

　　今後對行星中最亮的金星，你會更加關注嗎？也去看看它的位相？還是設法由天文軟體，去探索「在金星上看到的太陽，打西邊升起」的異相？此外，金星大氣中 97% 以上是二氧化碳、又有很厚的硫酸濃雲，這二者形成的溫室效應，使金星表面溫度高達攝氏 447 度，氣壓是地球的 90 倍。反觀地球，因濫墾、濫建破壞森林資源；燃燒化石燃料、大量排放二氧化碳……使全球氣溫上升，……如果繼續下去不加改善，真擔心地球會變為第二個金星，成為眾生的煉獄！

　　太陽系中，太陽以強大的引力將所有的行星，控制在四周繞日公轉，同時，太陽也帶領太陽系中的成員，繞銀河系的中心運行。但在晝、夜變化之中，我們看到的是因地球自轉，而產生日、月、星辰的東升西落現象。

　　人類登月成功之後，隨著科技的進程，探索宇宙的重點，轉向了地球的鄰居──火星，這些都是大家關心的事。

第二章　四季星座

地球繞著太陽公轉，一年一周，每天、每月、每季夜空中的星座和升落現象不同。同時，地球的自轉，使我們一夜至少可以看到三個季節的星座，只有當時太陽的背景星座無法看到。

　　於是，我們將十二個生日星座劃分四季！各季除了三個生日星座之外，還能看到哪些其他的星座？在星座盤上找找看。四季的代表星座各有哪些特色，可以自編口訣幫助認星，還可以提高學習興趣。

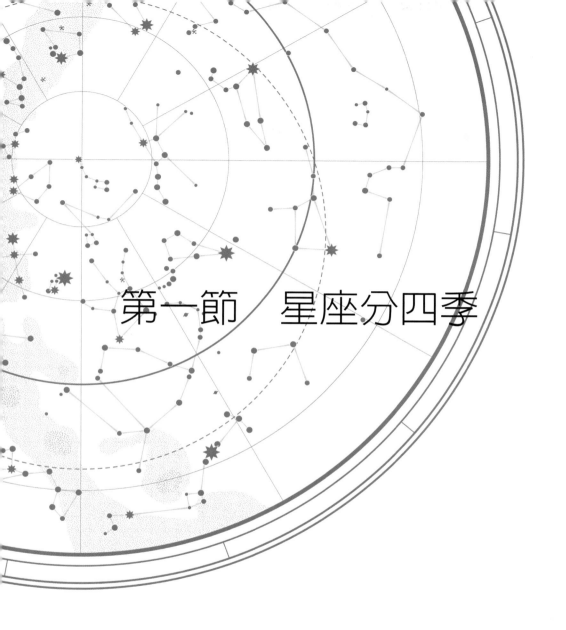

第一節　星座分四季

四季星座的劃分

　　四季夜晚所見星空都不相同，我們研究四季星座的劃分時，各季觀察的重點在子夜子午線附近的星座和亮星，因為這些是當季由天黑到次日黎明之前，都能看到的星空內容。可以先由四季代表日的子夜時分，來區分四季各有哪些生日星座（見圖 2.1.1）。

　　・春季的的主要星座有獅子、室女和天秤。
　　・夏季的的主要星座有天蠍、人馬和摩羯。
　　・秋季的的主要星座有寶瓶、雙魚和白羊。
　　・冬季的的主要星座有金牛、雙子和巨蟹。

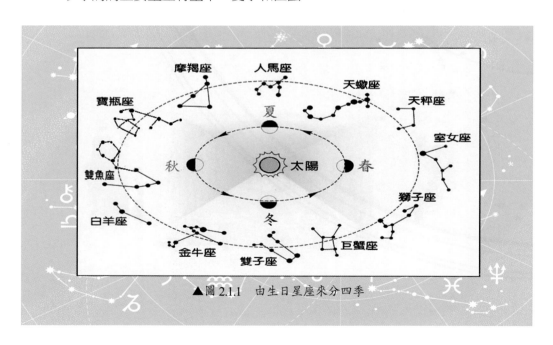

▲圖 2.1.1　由生日星座來分四季

依照這樣的想法，我們可以在臺灣版的星座盤上，依各季生日星座分為四區，再找出各區之其他星座（見圖2.1.2）。當然，我們還需熟悉各季星座之內容、在空中彼此之間的相對位置、以及它們升落的路徑。

例如圖2.1.3是春季星座的範圍，由圖中可以看出，春季星座除了獅子、室女和天秤三個黃道上的生日星座之外，還有北方的北極星、北斗七星和南方地平上的南十字、南門二和馬腹一等。

此區圓盤外圈標示著八月下旬到十一月上旬黃道上每日「視太陽」的位置。所以春季星座的範圍，秋季時不易觀察，因為它們是秋季太陽的背景星座！同理可類推其他各季者。

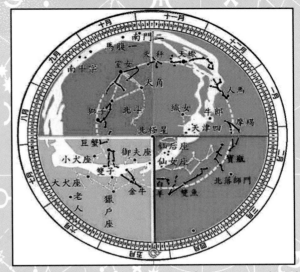

▲圖2.1.2　依各季生日星座將星座盤分為四區，每區為一季之星座

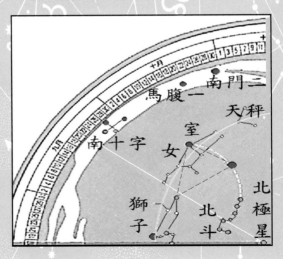

◀圖2.1.3　由春季三個生日星座找出此區其他的亮星

各季主要星座的觀星時間

　　由四季代表日的子夜時分來區分四季各有哪些星座，只是一種星空範圍的區隔方法，並非要大家必須子夜時分才去觀測或欣賞。茲以星座盤說明如下：

春季星座：將星座盤調到三月 22 日（春分代表日）子夜零時，呈現的也是四月
　　　　　22 日 22：00、五月 22 日 20：00、或六月 22 日 18：00 的星空。
夏季星座：將星座盤調到六月 22 日（夏至代表日）子夜零時，呈現的也是七月
　　　　　22 日 22：00、八月 22 日 20：00、或九月 22 日 18：00 的星空。
秋季星座：將星座盤調到九月 22 日（秋分代表日）子夜零時，呈現的也是十月
　　　　　22 日 22：00、十一月 22 日 20：00、或十二月 22 日 18：00 的星空。
冬季星座：將星座盤調到十二月 22 日（冬至代表日）子夜零時，呈現的也是一
　　　　　月 22 日 22：00、二月 22 日 20：00、或三月 22 日 18：00 的星空。

　　為什麼不同月、日，還可以觀察到同樣的星空？不妨先由星座盤來解釋。

　　看圖 2.1.4 的星座盤，我們還會發現，每隔一個月要看到相同的星空，會提早大約兩小時，換算之每天平均約提早四分鐘。

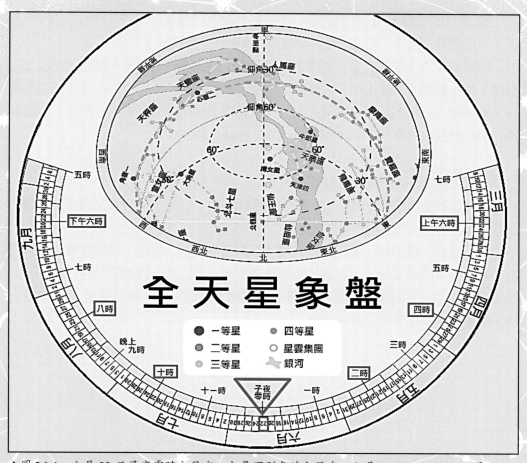

▲圖 2.1.4　六月 22 日子夜零時之星空，也是下列各時之星空：七月 22 日 22：00、八月 22 日 20：00、九月 22 日 18：00。

相同的星空每天提早四分鐘，這又是怎麼一回事呢？先來分析其中的「每天」。什麼是一天？一般說的是太陽日，以太陽為參照物：

由地球北方上空看下來，地球上的觀測者正對太陽時是中午，地球逆時鐘方向自轉一周，觀測者依序由中午、傍晚、半夜、次日清晨、再到中午，算是一個太陽日。地球繞日公轉的軌道是橢圓形的，一年之中地球在近日點與遠日點時，一個太陽日的時間長短不同，「平均太陽日」一天有 24 小時。

若以太陽之外的恆星為參照物，那麼指的便是「恆星日」了：

地球正對遙遠的某一恆星，自轉與公轉同時進行，23 時 56 分後又再正對遙遠的那顆恆星，稱為一個「恆星日」。

如圖 2.1.5，開始時，某人面對太陽也正對遙遠的某一恆星，地球自轉一圈，再次分別正對太陽或某一恆星所需的時間長度不同。因為地球為太陽系的行星之一，地球到太陽近、地球到其他的恆星遠，地球需再多轉一些，此人才能再次面對太陽，所以恆星日比平均太陽日提早了四分鐘。

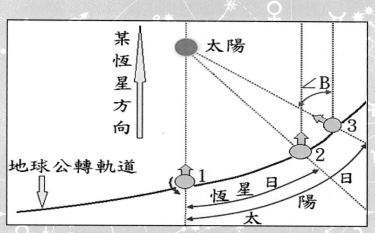

▲圖 2.1.5　恆星日與太陽日的示意圖

・地球在 1 的位置時，某人面對太陽也正對遙遠的某一恆星。

・地球位置由 1 到 2，此人又正對遙遠的某一恆星，但尚未指向太陽，其間需時 23 時 56 分。

・地球再轉∠B，此人才能再次面對太陽，地球位置由 1 到 3 需時 24 小時。

四季星座口訣

用口訣可以幫助學習和記憶，但是四季星座口訣的編寫，必須「順序輪轉、因地制宜、先求正確、再盡善美」，並與觀測實況相互檢核。

筆者曾以自編四季星座口訣，當作學生的學習作業，見到他們都能展現思考的潛力和創意。多年之後再聚會時，還會津津樂道地聊起當年各人、各組的創作歷程。讓我最感欣慰的是有學生說，為了自編口訣，需將各季星座詳加研究，在星空下逐個檢視，竟養成了習慣，由晚飯後的散步觀星去親近自然。

若以臺灣為例，用自編口訣來說明各季星座之重點，並將口訣文句編號，放入各季星座圖中，以便讀者逐步對照，當然這只是拋磚引玉，大家都可自編。在戶外觀星時，朗誦口訣並同步尋星，可增添學習的樂趣。

1. 春季星座口訣（已將口訣編號，以便對照圖 2.1.6 和圖 2.1.7 的標示）

北斗高掛柄向東—1 杓口雙星指北極—2

杓柄彎成大曲線—3 帶出大角角宿一—4

南天獅子高空行—5 獅尾穩坐五帝一—6

獅王回首問黃帝—7 春季三角向西移—8

南天地平南十字—9 南門二加馬腹一—10

冬星領路漸西落—11 夏星尾隨也東升—12

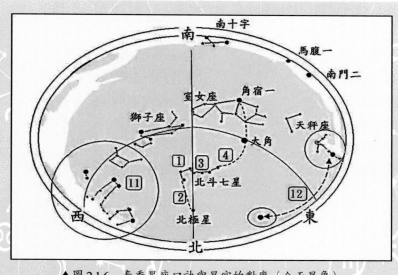

▲圖 2.1.6 春季星座口訣與星空的對應（全天星象）

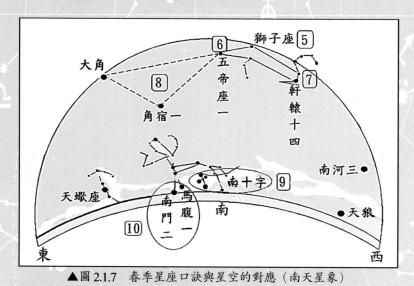

▲圖 2.1.7 春季星座口訣與星空的對應（南天星象）

2. 夏季星座口訣（已將口訣編號，以便對照圖 2.1.8 和圖 2.1.9 的標示）

北斗倒懸仲夏夜—1　　　　銀河漫過南北天—2

牛郎織女天津四—3　　　　夏季直角三星現—4

天鵝展翅銀河上—5　　　　朝著天蠍向南飛—6

南斗緊隨在蠍尾—7　　　　人馬帶壺張弓箭—8

冬至太陽在弓前—9　　　　銀河中心亮光顯—10

東升秋季四邊形—11　　　西落春季拋物線—12

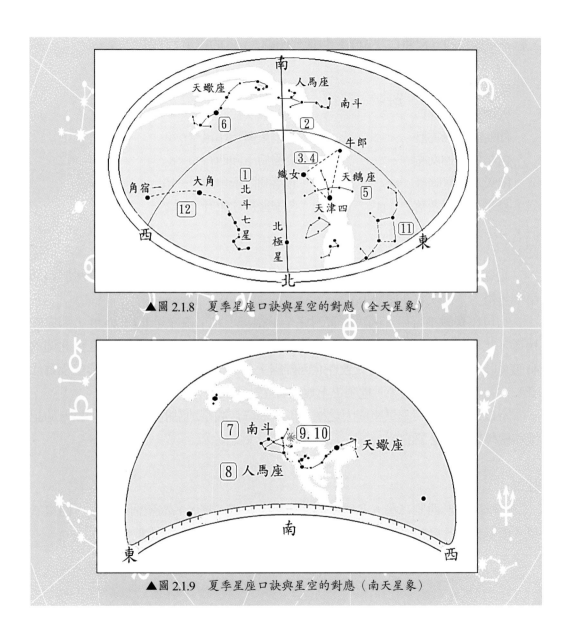

▲圖 2.1.8　夏季星座口訣與星空的對應（全天星象）

▲圖 2.1.9　夏季星座口訣與星空的對應（南天星象）

3. 秋季星座口訣（已將口訣編號，以使對照圖 2.1.10 的標示）＊

秋夜北斗沒地平＊¹—1　　　仙后遙指北極星　—2

天頂四方似斗口　—3　　　英仙仙女持斗柄　—4

仙女頭靠飛馬肚　—5　　　西室東壁指極星＊²—6

白羊依偎仙女腰　—7　　　緊隨后王向西行　—8

南天水域星暗淡　—9　　　北落師門南魚燈　—10

夏季三角將西落　—11　　　冬季獵戶才東升　—12

註一：

　　北京版的四季星座口訣，頗受大家喜愛，並廣爲流傳，但是它的秋季星座口訣第一句是：「秋夜北斗靠地平」

　　此句在臺灣不合用，因爲與實況完全不相符！北京緯度是北緯 40 度，那兒的秋夜，北斗七星正好橫躺在地平之上，不會落到地平之下，當地北極星在正北仰角 40 度的空中。而臺灣的緯度大致在北回歸線上下，臺灣的秋夜（以秋分日午夜爲代表），北斗隱沒落入地平，地平之上並沒有北斗靠在那兒！

　　所以，在明白四季星座成因之後，再自編符合觀察地點的星座口訣，以幫助記憶和檢核是有其必要的。

註二：

　　秋季四邊形西側二星，名爲室宿一、二；東側二星，名爲壁宿一、二。西室二星、東壁二星各自的連線，向北延伸的交叉點，可以指出北極星來。

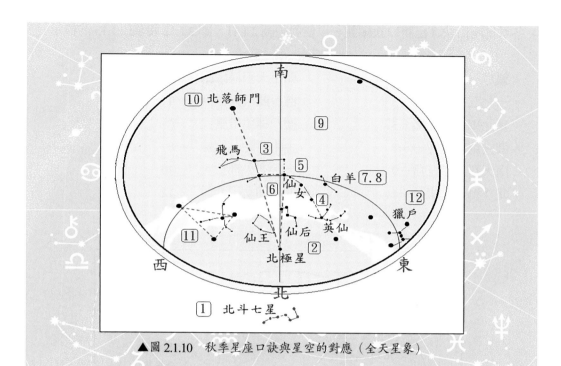

▲圖 2.1.10 秋季星座口訣與星空的對應（全天星象）

4. 冬季星座口訣（已將口訣編號，以便對照圖 2.1.11、圖 2.1.12 和圖 2.1.13 的標示）

獵戶三星一直線—1　　　　孤星天狼最耀眼　—2

一七五二三加三—3[*1]　　　群星競技大橢圓　—4

參七車二指北極—5[*2]　　　獵戶捕牛帶雙犬　—6

御夫駕車追雙子—7　　　　金牛背駝七姐妹[*3]—8

南天獵戶冬三角—9　　　　天狼老人都頂尖[*4]—10

北斗獅子才東升—11　　　　仙后仙女已西偏　—12

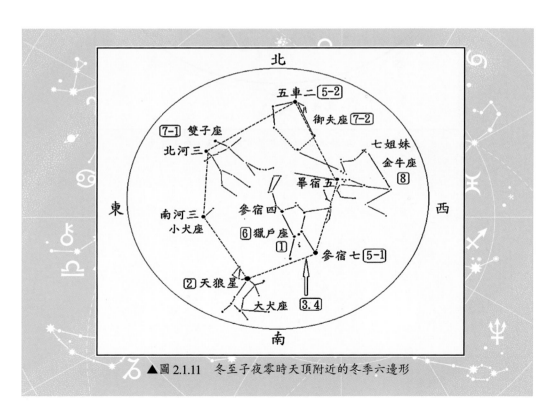

▲圖 2.1.11　冬至子夜零時天頂附近的冬季六邊形

060

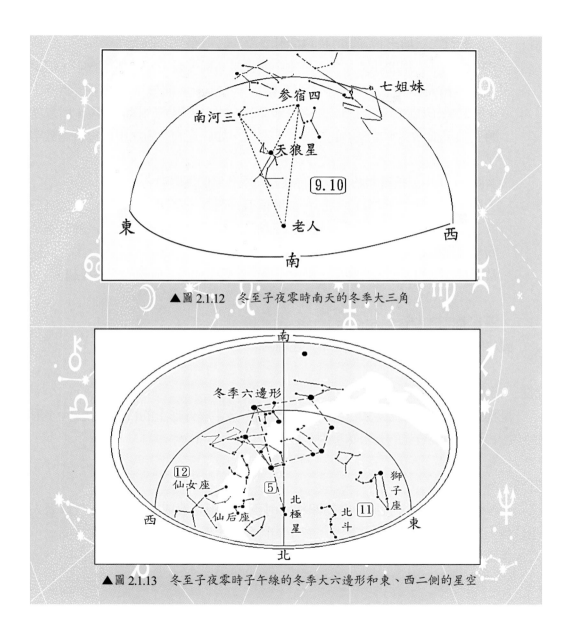

▲圖 2.1.12　冬至子夜零時南天的冬季大三角

▲圖 2.1.13　冬至子夜零時子午線的冬季大六邊形和東、西二側的星空

註一：「一七五二三加三」這句口訣的說明

‧ 翔暉的孩子子恩問我：「冬季星座中的亮星名稱，最後一字都是數字，但最亮的一顆天狼恆星，名稱中卻沒有數字，……」。前幾年到桃園復興鄉山上，和數十位國小老師們一起露營觀星時，也有人提到同樣的發現，所以就將天狼星稱為冬季星座中的第「一」亮星，如此它的頭銜之中就也有個數字了。

‧ 看圖 2.1.11 由天狼星開始，以逆時鐘方向將亮星們逐個唱名：
天狼星（一）、參宿七（七）、畢宿五（五）、五車二（二）、北河三（三）、南河三（三）「一七五二三加三」這句口訣就編出來了，到星空下看星，還很好用呢！

‧ 當然有經驗的人，冬夜觀星，仍會由獵戶座腰帶連成一直線的三星找起。

註二：參七車二指北極

獵戶座的參宿七和御夫座的五車二連線向北延伸，可以指到北極星。

註三：金牛座上的姐妹團

是指金牛座背上的七姐妹，又稱昴宿星團。金牛座外形上的特色，就是V字形的牛臉和背上肉眼可見的七姐妹星團。

註四：冬季大三角

冬季南天的特色，有獵戶參宿四和南河三、天狼星連成的大三角，若以老人星代替天狼星，連成的三角比較長。夜空的恆星裡，天狼、老人的視亮度排名一、二，都是頂尖的亮星。並且以這兩顆星當頂點，都能分別形成等腰三角形呢！

一夜看三季星座

　　那年春季旅遊到黃山，入夜在星光燦爛的星空下，介紹大家欣賞冬季星座：獵戶、金牛、御夫、雙子、小犬、大犬……近午夜時分，我們再看春星：北斗、北極、獅子、春三角……，日出前大夥摸黑在山中等待，期待日出的美景。在這一小段的等候時間裡，看到了牛郎、織女……等夏季星星。

　　早餐之後，背起行囊，爬山觀景……，兩位同團的伙伴自後方追上來：

　　某甲：「施老師！昨晚告訴我們看冬季星空、半夜看春季星空、今晨看夏季星空？現在是春季旅遊啊，這是怎麼一回事？今天是四月一日愚人節，你是在開玩笑吧？」

　　筆者：「這是事實啊。」

　　某乙：「一夜可以看到其他季節的星空……？那麼今夜你再帶我們看秋季的星星好嗎？」

　　筆者：「不行！這次看不到秋季的主要星座。」

　　某乙：「為什麼？……」

　　四季星座分布地球四周，它們的相對位置幾乎是固定的。不妨將生日星座的角色扮演模擬實驗當作鷹架，用到四季星座上。用一整晚看一周天的星空，可以看出些什麼呢？我們談過，一夜之間，只有太陽的背景星座無法看到；而背對太陽的午夜，在子午線附近的星空是由天黑到次日黎明整夜都能看到的星空範圍。

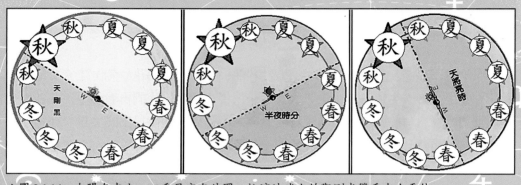

▲圖 2.1.14　太陽在中央、四季星空在外圈，扮演地球上的觀測者雙手左右平伸。
　　　　　　觀測者由天剛黑、轉到半夜、再轉到黎明前，他的前方是可見星空。

　　所以，一夜可以看到三個季節的星座，前一季（前半夜）、本季、和下一季（後半夜），是理所當然之事，請參見圖 2.1.15。

　　例如：春分時一夜之間，只有太陽的背景星座無法看到，如 🔲秋 之標示者。

而背對太陽的午夜，在子午線附近的星空是由天黑到次日黎明，整夜都能看到的當季星空範圍。

小結

　　由生日星座的角色扮演遊戲開始，將黃道圈上的十二個生日星座分四季，再據此從星座盤裡，將四季星座區分出來。從這個科學思維的過程中，也學習了分類技能的歷練。

　　編製四季星座口訣時，可以和他人溝通、互評、分享，各人也會對星空中各星點、星座的相對位置更加瞭解、更加熟悉，有助於實地觀星與認星。

第二節　四季星座簡介
—— （以北回歸線或臺灣爲
觀測地點）

本節內容爲認識四季星座，分四季介紹，使用星圖，說明北天和南天的星空重點。各星點中文名稱的原由，亦一併說明，並略爲引述中西神話，幫助讀者認識它們。本節並介紹如何使用電子設備，操作天文軟體去觀察重要的星雲、星團和星系。

春季主要星座

（一）春季北天星空

1.北極星（north star）

　　北極星差不多正對著地軸北端的延伸線上，以致北半球的人看它，它一直在北方，仰角等於觀測地之緯度，因此可用它來辨識方向。中國古代認爲北極星是天皇的居所，群星以它爲中心。《論語・爲政篇》：「爲政以德，譬如北辰，居其所而眾星拱之。」

　　許多人用星座盤觀察，以爲眾星都圍繞著北極星升落，其實不然。

　　地軸的北端指向天球北極的北極星，由於地球繞地軸自轉，天空看起來反方向繞地軸升落。

　　在北回歸線處，北極星在正北方、仰角 23.5 度，群星看似東升西落，軌跡向南傾斜（見圖 2.2.1）。

　　找北極星可以用指北針定北方、用拳頭數估仰角（操作技巧詳見第三章）。

　　北極星距離地球 800 光年，也就是說我們肉眼看到的北極星，是 800 年前的星光。它的目視星等 1.95，算是二等星，初次見到它的人常會說：「原來它不太亮呢！」。

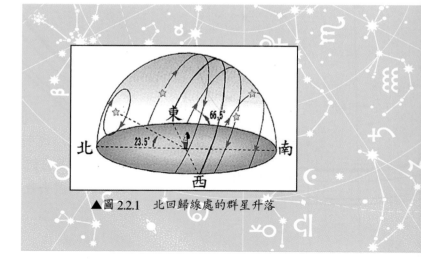

▲圖 2.2.1　北回歸線處的群星升落

2.北斗七星（Big Dipper）

古代中原一帶，一年四季都能看到北斗七星，古人發現用它的位置可分四季（見圖 2.2.2）。周代楚人《鶡冠子》：

斗柄東指，天下皆春。　　　　斗柄南指，天下皆夏。

斗柄西指，天下皆秋。　　　　斗柄北指，天下皆冬。

在臺灣，春分子夜北斗七星在北方，仰角近 60 度，是一年之中仰角最高的時候。因為緯度關係，臺灣的秋分子夜，我們看不到上圖中的「斗柄西指」，那時北斗已落入地平之下，大家可用我們的星座盤查查看！

北斗七星的星座形狀似湯杓，杓口四星為斗，其餘三星連成斗柄。由於北斗的外形明顯，由斗口 1、2 兩星之連線向北延伸五倍，可指到北極星。春、夏之際，常用此法去找北極星（見圖 2.2.3）。

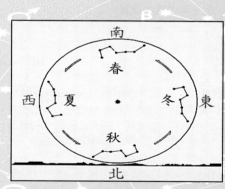

▲圖 2.2.2　中原北斗之四季運行圖

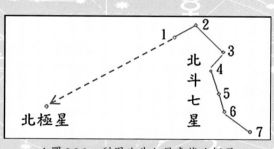

▲圖 2.2.3　利用北斗七星來找北極星

北斗七星的中國星名：由斗口至斗杓連線順序為天樞、天璇、天璣、天權、玉衡、開陽和瑤光。北斗七星每一顆星的目視星等大約都是 2 等星，只有第四顆為 3 等星比較暗。而第六顆為二重星，在主星下方有一顆小小的輔星，可以用來測試大家的視力！

　　有人第一次在星空下看北斗，覺得它怎麼這麼大？這和他看星座盤時的印象完全不同，所以需親自到星空下去體驗！也可用下圖的方法，來認識星座看起來的大小、或是星點之間的距離。例如將手握拳、手臂向前伸直，指向北斗，斗口的寬度大約和自己拳頭等寬……（見圖 2.2.4）。

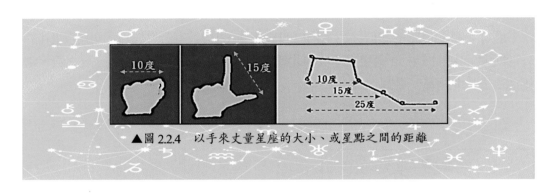

▲圖 2.2.4　以手來丈量星座的大小、或星點之間的距離

　　我們的眼睛只能看到 6 等星，再暗的必須用望遠鏡去觀察，用天文軟體 Stellarium 可代替天文望遠鏡看星團、星雲、星系。操作時加點「星雲」選項，按圖索驥，找出目標物之後，每次都要按長鍵，使鎖定之目標物穩定在螢幕中央，再用滑鼠滾輪 zoom in，使目標物放大。

　　由北斗七星可找出 M51、M101、M81 和 M82 等非本星系的星系群（見圖 2.2.5）。請依本文之說明，按圖索驥，由 Stellarium 自行查看。

　　・在搖光（北斗七）北側有 M101 是漩渦星系，視星等 9.6。
　　・在搖光（北斗七）南側有 M51，是攜子星的漩渦星雲，視星等 8.1。
　　・在天樞（北斗一）附近，有 M81 和 M82。M81 是巨型漩渦星系，視星等 7.8，距地球 1000 萬光年；M82 為長形爆炸星系，視星等 9.3，距地球 1000 萬光年。

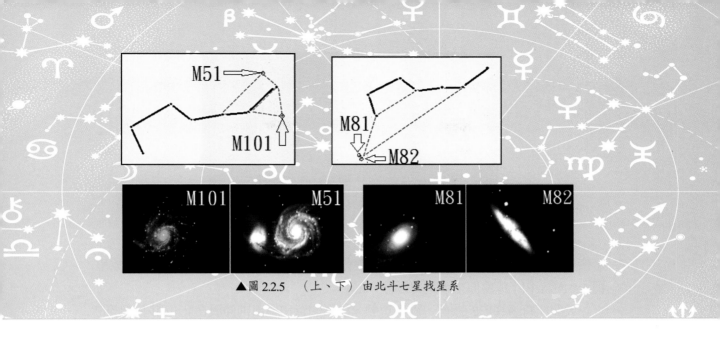

▲圖 2.2.5 　（上、下）　由北斗七星找星系

【光年】星球之間的距離一般是以光年爲單位，一光年表示光走一年的距離，而光
　　　　速是 30 萬公里／秒，表示一秒鐘可繞行地球 7 圈半。

　　中國傳統觀點看北斗像支杓子，杓口似斗，斗口朝北，因此命名爲北斗七星。
西方則以希臘神話將它看成是大熊座（Great Bear or Ursa Major）的身體和尾巴，不過
除了北斗七星之外，其他的星點都只是 3、4 等星，並不好找。
　　中國還將熊頭的六顆小星視爲文昌神，認爲可庇佑考運並設廟祭拜（見圖
2.2.6）。古代天文官看北斗像天帝的車鑾，可以駕馭四方確立四季。《天官書》：
「斗爲帝車，運於中央」。

3. 小熊座（Litter Bear or Ursa Minor）和天龍座（Dragon or Draco）

　　在北斗七星四周還有小熊座和天龍座（見圖 2.2.7）
　　小熊座的外型很像縮小版的北斗七星，它的杓柄尾端就是北極星（勾陳一），
目視星等 1.95，其實並不明亮，幸好有多種方法可以尋找它，而像斗口的第一顆星

▲圖 2.2.6　大熊？北斗？文昌？一個星座不同解讀

是帝星（北極二），目視等星 2.0。大熊有北斗，而小熊有北極，在西洋神話故事裡，大熊座和小熊座原來還是一對母子呢！

　　天龍座有著梯形的頭部、兩隻短腳，拱形的背和尾部則伸展在北斗和小熊座的中間。除了頭上的一顆 2 等星之外，其餘的只是 3、4 等星，必須先找到小熊座和北斗七星，才能發現它的蹤跡。

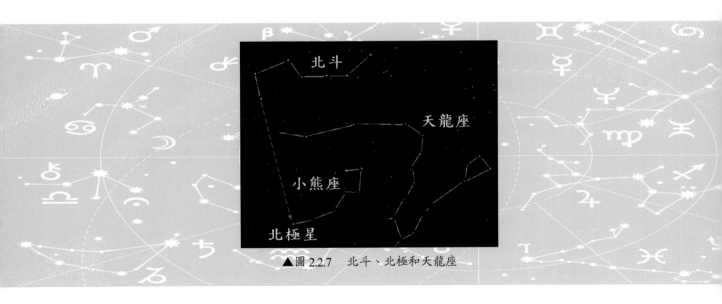

▲圖 2.2.7　北斗、北極和天龍座

（二）春季南天星空

1. 獅子座（Lion or Leo）

在黃道上，位於巨蟹座之東、室女座之西，可由北斗去找它。

獅子座中天時在南天的高空，頭西尾東。獅子座的頭、頸、胸等處之星點連線，像一把彎彎的鐮刀或像反寫的問號。獅胸的 α 星名叫軒轅十四（Regulus），白色，目視星等為 1.35，距地球 77.49 光年。β 星在獅尾名五帝座一，目視星等 2.1（見圖 2.2.8 和 2.2.9）。

中國古星圖軒轅星共 17 顆，是皇帝的神明、有黃龍的形體，而五帝座共五星，是天帝辦理政事的五個御座（詳見第四章第一節 星宿－古代中國的星座概覽）。

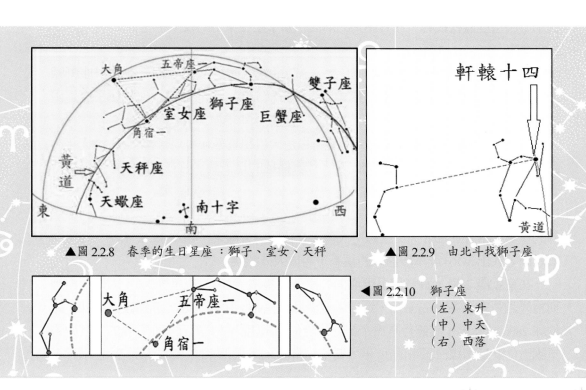

▲圖 2.2.8　春季的生日星座：獅子、室女、天秤

▲圖 2.2.9　由北斗找獅子座

◀圖 2.2.10　獅子座
（左）東升
（中）中天
（右）西落

在臺灣，獅子座剛升起時它在東偏北，頭上尾下，有縱撲上天之勢；中天時在南天的天頂附近；落下時在西偏北，頭下尾上。由南天看，獅尾的五帝座一和牧夫座的大角星、室女座的角宿一這兩顆一等亮星形成一個春季大三角，獅子座就拉著這個大三角，東升到天頂，再西落（見圖 2.2.10）。

秋末可以看到著名的獅子座流星雨，每年 11 月中旬（16～17 日）的清晨，東方獅子座 γ 星（在獅頸處、目視星等 2.2）附近，有許多向四周輻射的流星，可能是 1886 年 Temple-Tuttle 彗星繞日公轉的碎屑進入大氣層，摩擦生光產生的景像。每 33 年（1886-1965-1991-2024……）此時會有一次大流星群的出現。33 年是這個彗星的運行周期。

有人會質疑：獅子座是春季的代表星座，爲什麼獅子座流星雨出現的時間卻在秋末？用星座盤找找看，11 月中旬的清晨，獅子座在東方的夜空中呢！

2. 室女座（Virgin or Virgo）

在黃道上，獅子座的東側。如今秋分時「視太陽」（秋分點）在獅子座軒轅十四和室女座角宿一兩顆一等星的中間，所以秋分時，看不到室女座和獅子座這兩個春季星座。

角宿一（Spica）是室女座的 α 主星，白色，目視星等 0.95，距地球 262.18 光年。西洋人視之爲麥穗的象徵，它的出現，代表播種的日子到了。在中國，角宿是東方蒼龍之首（見圖 2.2.11）。

室女座之北有后髮座，二者之間，由天文望遠鏡可以看到 2500 多個本銀河系之外的星雲。用 Stellarium 天文軟體可代替天文望遠鏡去觀察。如圖 2.2.12 所示，在室女座之南，找出 M104 非本銀河系的星系，再放大去觀察。

在室女座之南，有一個呈現側面的銀河外星系 M104，視星等 8.3，因外形而被稱爲墨西哥帽星系 Sombrero，是一個漩渦狀大星系，中央突起，赤道區成盤狀，距地球 2800 萬光年，其照片是爲了紀念「哈伯遺產組計畫」第五年而發表的，其中的星團數估計是本銀河星系的 10 倍，質量相當於 8000 億個太陽，其帽沿的黑色環帶，

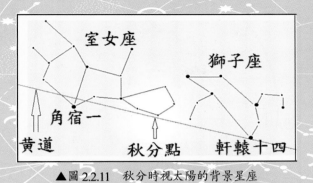

▲圖 2.2.11　秋分時視太陽的背景星座

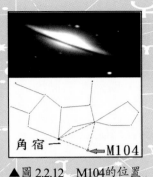

▲圖 2.2.12　M104的位置

是由星際塵埃沉澱而成的黑暗星雲，星系中央明亮的部分，可能存在著相當於 10 億個太陽質量的黑洞。

3. 天秤座（The Scales or Libra）

天秤座在黃道上，位於室女座和天蠍座之間，也是十二個生日星座之一。有兩顆 3 等和三顆 4 等星，眾人皆知其名卻少有人見過本尊。

天秤座星少而不亮，主星 α 約在天蠍座的心宿二和室女座的角宿一這兩顆 1 等星之中央（圖 2.2.8）。

三千多年前秋分點曾位於此星座上，秋分那天太陽運行至此星座前方，晝夜平分，因而得名為「天秤」。如今因地球運動產生的歲差，使秋分點移到了室女座。

天秤座為中國古天文 28 宿的氐宿，被視為青龍的爪子或骨架。

4. 牧夫座（Herdsman or Boötes）

西鄰大熊和獵犬，南為室女、長蛇，而北冕、武仙居其東。西洋星座認為牧夫座像一個牧人，帶著獵犬在驅逐大熊星座（見圖 2.2.13）。

春分子夜，牧夫座大部分在北天，而其 α 主星大角（Arcturus）很亮，橙黃色，目視星等 0.15，距地球 36.7 光年，體積為太陽的 27 倍。

北斗七星杓柄似一
條弧線，沿此弧線向外
延伸，可以指到大角和
角宿一，稱爲春季拋物
線。

　　筆者曾隨友人在春
末黃昏時到九份走走，
在一個露天的茶座那
兒，喝茶聊天，由北斗
看北極星、再看群星升
落（見圖 2.2.14）。似乎
置身於瓊樓玉宇之中，
享受到三個多小時的戶
外星空，心曠神怡眞捨
不得離去。

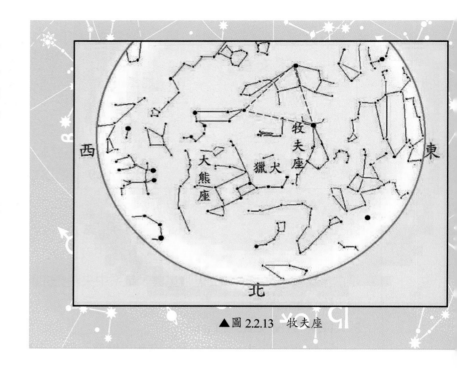

▲圖 2.2.13　牧夫座

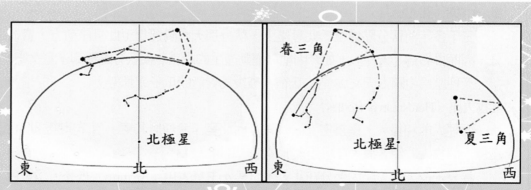

▲圖 2.2.14　（左）五月底北斗中天（19：30）；（右）北斗西轉、夏三角東升（22：30）。

074

5. 長蛇座（Hydra）

　　在黃道的南邊，蛇頭在軒轅十四和南河三之間，似菱形，蛇尾在角宿一之南，占南天四分之一以上的位置。蛇心（α 星）目視星等 1.95。它與軒轅十四、南河三可連成一個三角形。

　　長蛇座的星星都不夠亮，所以不太容易觀看，西方人看它像條蛇，不過古中國卻看它像隻鳥（南方朱雀）！長蛇座背上的烏鴉座（Crow or Corvus）可以由大角和角宿一連線的延伸來指認（見圖 2.2.15）。

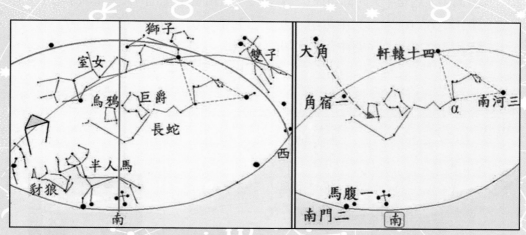

▲圖 2.2.15　（左）長蛇座附近之星座（右）由大角、角宿一找烏鴉座

6. 半人馬座（Centaur or Centaurus）

在南船之東、天蠍之西方。大約在北緯 24 度以南的地區觀星，才可以看到完整的半人馬座。亮星是馬腳上的南門二和馬腹一，二者在赤緯負 60 多度處。

南門二目視星等 0.10，距地球 4.39 光年。馬腹一目視星等 0.55，距地球 525.21 光年。此二星各自離地球的距離相去甚遠，可是我們看它們二者卻似左右並排。

中國古代將半人馬座視為天上的一個庫樓，庫樓南方有兩顆星連成樓門，此二星分別名之為南門一及南門二（α）。馬腹一（β），是引入西洋星座之後才加入的星名（見圖 2.2.16）。

在臺灣半人馬座中天時仰角在 0～30 多度，可用星座盤的南天星象來察看：

1 月中旬 06：00　　2 月中旬 04：00　　3 月中旬 02：00　　4 月中旬 00：00

5 月中旬 22：00　　6 月中旬 20：00

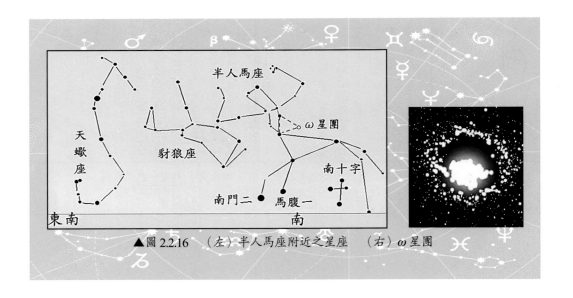

▲ 圖 2.2.16　（左）半人馬座附近之星座　（右）ω 星團

半人馬座中的 ω 星團，可用雙筒望遠鏡或由 Stellarium 天文軟體去觀察。ω 星團視星等 3.7。距地球 1 萬 7 千光年，是本銀河系中最大的一片球狀星團，其中的恆星相當密集，約有 100 萬顆星星。

7. 南十字星座（Southern Cross or Crux）

南十字星座在半人馬座的下方，是 88 個星座中面積最小的一個星座，有一顆 1 等星、兩顆 2 等星和一顆 3 等星。最南端的 α 星是雙星，近天球赤緯負 63.5 度處，目視星等 1.25 和 4.80，距地球 320.70 光年。

在臺灣南部，容易看到南十字星座，在中部合歡山也有機會看到它，在臺灣北部就不容易看到了，彷彿「欲窮千里目，更上一層樓」。

四月，曾隨阿成一家到印尼的峇里島（Bali，南緯 8 度）去渡假，入夜在海邊沙灘上，看到南十字星已升至仰角近 40 度左右了，它的東方跟著馬腹一、南門二，在夜空的銀河中十分耀眼。阿成說他還是第一次看到南十字星呢（圖 2.2.17）！

▲ 圖 2.2.17　在印尼峇里島看南十字星座（在圖中偏右上方）（2013.4.10）（摘自 Stellarium）

目前天球南極上並沒有一顆南極星，由南門二，馬腹一和南十字星座，可以指出天球南極的位置。所以，南十字星座被視為北半球低緯度地區和南半球航海者天上的方位指標。

上網查查看：

澳洲的國旗上有白色南十字星座，紐西蘭的國旗上則有紅色南十字星座（見圖2.2.18）。

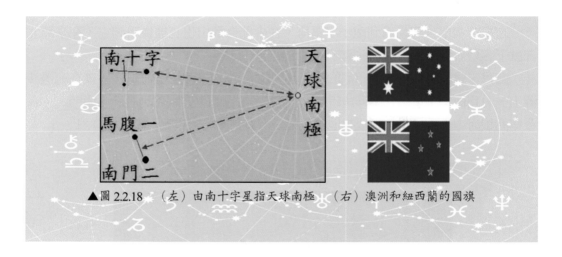

▲圖 2.2.18 （左）由南十字星指天球南極 （右）澳洲和紐西蘭的國旗

夏季主要星座

（一）夏季北天星空

1. 天琴座（Lyre or Lyra）

　　晴朗的夏夜抬起頭來，就可以看到明顯的夏季大三角，是牛郎、織女和天津四。其中織女星（Vega）最亮，是天琴座的主星，白色、目視星等 0.03，距地球 25.30 光年（見圖 2.2.19）。

　　12,000 年之後，織女星將在天球北極的位置，距地球將更近，看起來會更亮。

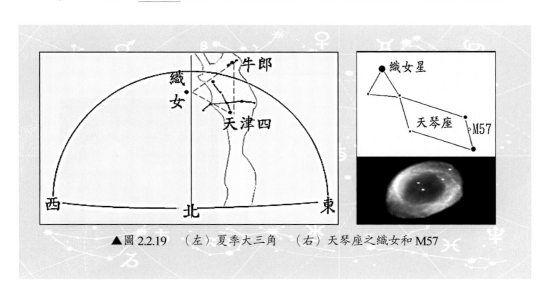

▲圖 2.2.19　（左）夏季大三角　（右）天琴座之織女和 M57

　　地軸北端遙指天空的一點，叫天北極，離天北極最近的亮星稱為北極星。地球自轉時會略為晃動，約 26000 年晃動一圈，所以誰當北極星是會輪流的！

天琴座的 M57，又稱戒指星雲，視星等 9.00，是本銀河系的行星狀星雲，可由 Stellarium 天文軟體去觀察。它是太古時代一個星星爆炸後向四周擴散的氣體和塵埃（高溫彩色圈），它的中心是恆星，其外圍的彩色圈由內向外依序爲藍、綠、黃、紅的顏色，氣體的溫度亦由內向外漸減，M57 距地球約 2,300 光年。

2. 天鷹座（Eagle or Aquila）

與天琴座相隔於銀河的兩側，大部分在銀河中。主星牛郎星（Altair）（河鼓二），目視星等 0.75，白色，距地球 16.77 光年，其二側各有一顆小星，河鼓一（目視星等 3.70）、河鼓三（目視星等 2.70），或稱扁擔星。

河鼓一、河鼓二、再連河鼓三，繼續向外延伸，越過銀河，可以指到織女星（見圖 2.2.20）。

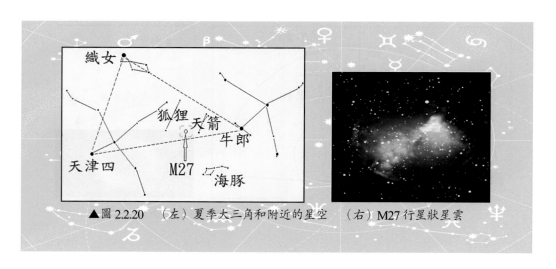

▲圖 2.2.20 　（左）夏季大三角和附近的星空 　（右）M27 行星狀星雲

中國神話故事中說，扁擔星是牛郎和織女的兩個孩子，在牛郎扁擔的兩端。

牛郎、織女和天津四（天鵝座）三顆一等亮星連接起來，稱之爲夏季大三角，其中的直角在織女星。

夏三角中，有狐狸座（Little Fox）與天箭座（Arrow），星星都不亮，二者之間有M27行星狀星雲，狀似啞鈴，目視星等7.6。可由天文軟體去觀察。

　　海豚座（Dolphin）在夏季大三角之南，各星目視星等3.8～4.4，星座面積不大，容易辨識。

3. 天鵝座（Swan or Cygnus）（北十字星座）

　　天鵝座形似展翅的天鵝，在銀河上，頭尾連成的直線與左右平伸的雙翼，構成一個「十」字形，位於北天球，相對南天球上的南十字星座，名之為北十字星。主星天津四（Deneb）是天鵝之尾，目視星等為1.25，白色，距地球3229.27光年，是本銀河系中，距地球最遠的星球。

　　鵝頭的鵝嘴星，是二重星，顏色一橙一藍，目視星等分別為3等和5等。在中國古天象中天津星共有九顆，分佈在天鵝翅及尾部，是接引神明通達四方的橋梁。而「津」字為渡口、渡船之意（見圖2.2.21）。

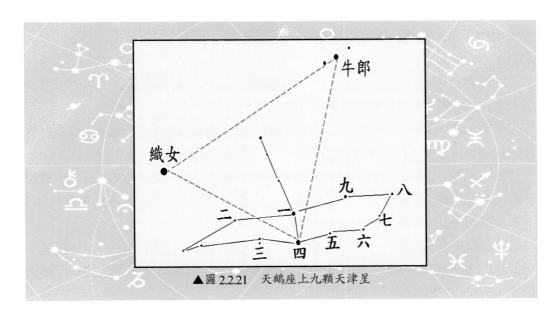

▲圖 2.2.21　天鵝座上九顆天津星

中國神話故事裡，將天鵝視為靈鵲，在七夕夜為牛郎織女搭橋相會！牛郎星與織女星相隔 16 光年，七夕夜兩星相會，就只能是神話了。

夏三角，以織女和天津四的連線為底邊，反摺此三角形，則牛郎星幾乎將與北極星相疊，這也是一個找北極星的方法（見圖 2.2.22）。

4. 武仙座（Hercules）

在織女星和北冕座之間，座內星星的目視星等分別為 3、4、5 等。

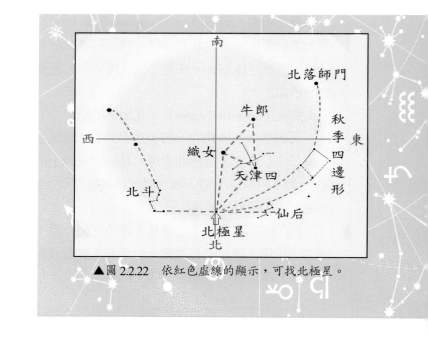

▲圖 2.2.22　依紅色虛線的顯示，可找北極星。

西洋神話中，武仙是一位武士，在中國古天文中，武仙座是天市垣的一部分（天市包括北冕、織女、蛇夫、巨蛇、武仙）。

如圖 2.2.23 所示，將夏季大三角的天津四向南，與大角星連成一直線，在此線的中央找出 M13 星團，此星團在武仙座由 3、4 等星組成的四邊形上。

M13 星團，目視亮度為 5.9，肉眼可見，可用雙筒望遠鏡或由 Stellarium 天文軟體去觀察。距地球 2.1 萬光年，是北天最大的星團，也是本銀河系的系內星團。M13 有數十萬顆星星，多為 100 億年的老邁星星。

武仙座旁有天龍座，由牛郎、織女的連線延伸到北斗七星的第一顆星，經過了天龍座的頭和拱起的身體。武仙座星點的連法東、西方不同，有的將它畫成腳踏天龍頭，有的將它畫成棒打天龍呢！

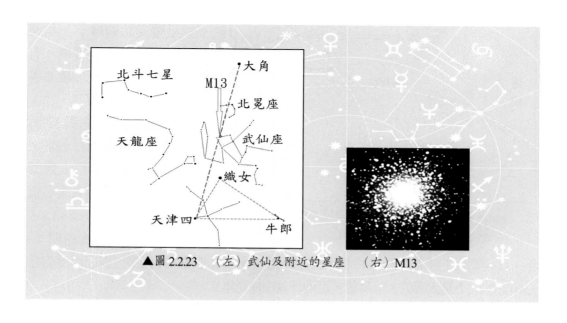

▲圖 2.2.23 （左）武仙及附近的星座 （右）M13

5. 北冕座（Northern Crown or Corona Borealis）

　　星座中有一顆二等星，其餘為 4～5 等星。各星圍成一個有缺口的圓，開口朝向北極星（見圖 2.2.24）。

　　西洋人看北冕，覺得它像北天的一個皇冠，中國古天文中，卻將它命名為貫索，也就是監獄牢房之意。

（二）夏季南天星空

1. 天蠍座（Scorpion or Scorpius）

　　是黃道十二宮之一，此星座中各星群排列成「s」字形，像一隻尾部

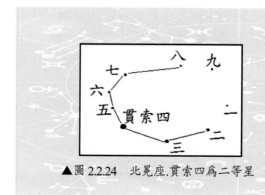

▲圖 2.2.24 北冕座.貫索四為二等星

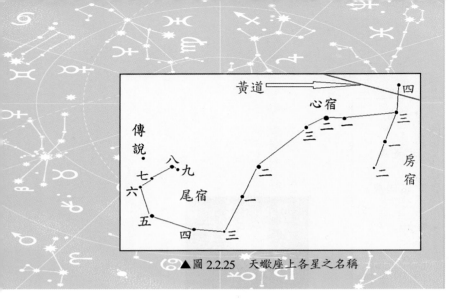

▲圖 2.2.25　天蠍座上各星之名稱

呈彎勾狀的蠍子，星座大部分都在銀河中。有一顆 1 等星、五顆 2 等星、及多顆 3 等星。

蠍頭四星與蠍胸三星互相垂直，蠍尾九星彎成勾狀（見圖 2.2.25）。主星名為心宿二，目視星等 0.9～1.8，是變光星，變光週期 4.8 年，作週期性的脹縮，膨脹時看起來比較亮，是一顆老邁的紅巨星，表面溫度約為 3,500℃。大小是太陽的 5 千萬倍，距地球 603.99 光年。

天蠍座的其他各星均為青白色，表面溫度有些近 20,000℃，都是年青的星星。

心宿二（Antares）之英文名稱意為對抗火星之意，因為二者都是紅色的亮星。

中國四象之一的青龍，視房宿為龍腹、心宿為龍心、尾宿為龍尾，房宿位於天蠍之頭、心宿則位於天蠍之心、尾宿位於天蠍之尾，這是多麼有趣的巧合。

詩經中對大火星也曾帶到一筆，「七月流火，九月授衣。」這句話中的「流火」千萬不能以為在說：「熱浪來襲、小心中暑」，「火」指的是天蠍座心宿二這顆紅色的亮星，它的名字也稱為大火！而「流」字說的是此星已漸西沉。如今約在十月中旬，入夜後會見大火西沉，古時若見此景，時序應已入秋。所以「七月流火，九月授衣。」整句話指的是時序更移，預示天氣漸漸轉寒，該準備多衣了。

2. 人馬座（Archer or Sagittarius）

在天蠍蠍尾之東，也是黃道十二宮之一。

人馬座是冬至時太陽的背景星座（冬至點在人馬座），所以冬至時看不到它（見圖 2.2.26）。

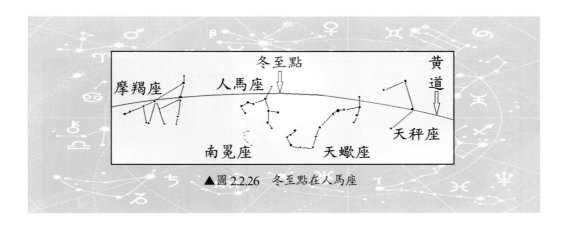

▲圖 2.2.26　冬至點在人馬座

　　人馬座中有南斗六星，形似北斗，斗柄在銀河之中，斗杓在銀河之外，西洋稱銀河為 milk way，稱南斗為 milk dipper，中西對南斗外形的見解倒頗為一致。

　　人馬座中亮星不多，以致不易看出完整的人馬形狀，其中比較明亮的星點連線起來，是南斗六星和人馬的弓箭，這二者合起來也很像一隻茶壺。古代中國稱南斗為斗宿，稱人馬的弓箭為箕宿。

　　在 Stellarium 天文軟體中，由人馬座的箕宿二，畫一條線平行於「斗宿二、斗宿三的連線」，再由斗宿三畫一條線平行於「斗宿二、箕宿二的連線」，依圖 2.2.27 所示，所繪二線之交會位置，可找出人馬座的珊瑚星雲 M8、三裂星雲 M20，二者都是散光星雲。

　　人馬座那個方向的銀河，星雲星團很多，例如 M22 是巨大的球狀星團，目視星等為 5.9，距地球 1 萬光年。M8 及 M20 是散光星雲，前者目視星等 6.8，距地球 3,900 光年。

　　由人馬座方向看過去，是本銀河系的中心，所以人馬座這裡看起來特別明亮。

　　科學家認為銀河系中心可能是一個巨大的黑洞，距太陽 3 萬光年（見圖 2.2.28）。

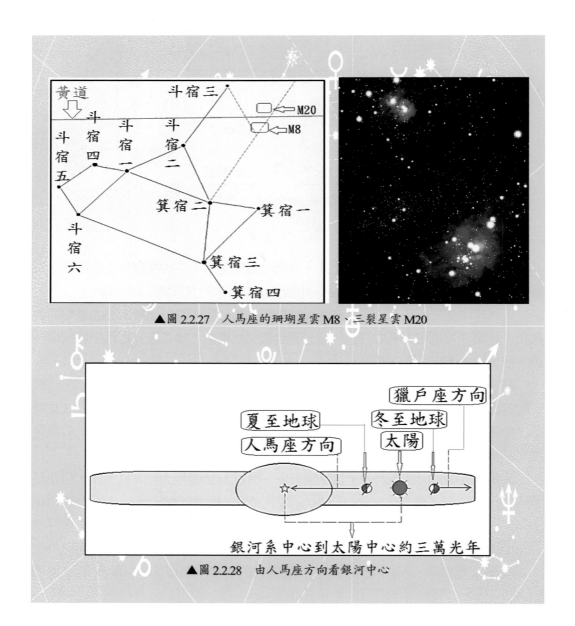

▲圖 2.2.27　人馬座的珊瑚星雲 M8、三裂星雲 M20

▲圖 2.2.28　由人馬座方向看銀河中心

3. 南冕座（Southern Crown or Corona Australis）

在人馬座之南，即南斗斗口之南，形似北冕，半圓形的開口朝西。由 4、5 等星組成。

4. 蛇夫座（Serpent Holder or Ophiuchus）與巨蛇座（Serpent）

蛇夫的雙腳在天蠍座之北，有黃道經過，如此算來黃道上有十三個星座，占星學可能爲了每月安排一個生日星座，所以至今黃道仍是十二宮。

蛇夫將巨蛇分爲東、西兩段，兩個星座有許多 3、4 等的星星，蛇夫的頭是一顆 2 等星，所以星空中由天蠍之北可以慢慢將它們找出來。

巨蛇座的蛇頭在大角之東，蛇尾在南斗之北。若是只看蛇夫座與巨蛇座的星圖，像是一個人抓著巨蛇往東走駐足觀天，其實星空中的蛇夫座與巨蛇仍然與眾星一樣，隨時間而漸向西移（見圖 2.2.29）。

西洋神話認爲巨蛇是誘惑夏娃的蛇，由蛇夫這位醫神將牠抓來當作治病的藥物。也有人說天龍座才是引誘夏娃的那條蛇，不過在天球上，武仙靠近天龍座，似乎可由他棒打天龍呢。

中國古天文星圖將蛇夫、巨蛇與武仙視爲天市垣，天市是天帝的市集，各路諸侯也在此列隊朝見天帝。

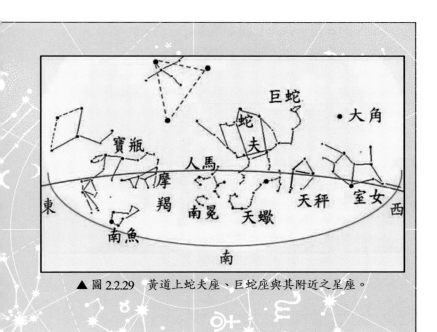

▲ 圖 2.2.29　黃道上蛇夫座、巨蛇座與其附近之星座。

秋季主要星座

（一）秋季北天的重要星點和星座

1. 飛馬座（Pegasus）

飛馬軀幹部有三星，和仙女頭部之星合成秋季四邊形，四星目視亮度接近。

飛馬 α（室宿一）星等 2.45，飛馬 β（室宿二）星等 2.40。

飛馬 γ（壁宿一）星等 2.80，仙女 α（壁宿二）星等 2.05。

由秋季四邊形學認星，有下列各項重點（見圖 2.2.30）：

(1) 將天鵝座的天津四連到飛馬座的室宿二，此連線似乎和仙女座成為秋季四邊形朝北方的東、西兩條對稱虛線。

(2) 秋季四邊形加仙女座、再加英仙座的 α 星，共有七顆 2 等星，它們彼此之間的距離差不多都是 15 度，合起來看，很像一個大型的、有柄的斗。

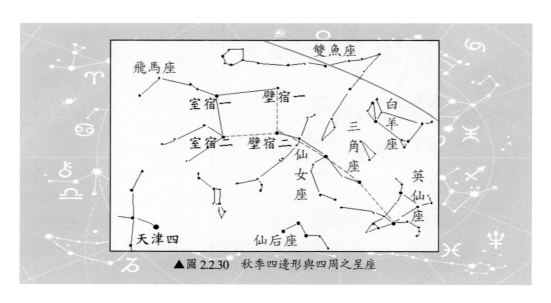

▲圖 2.2.30　秋季四邊形與四周之星座

(3) 由秋季四邊形向北找北極星；向南找南天的亮星（見圖 2.2.31）：
　　・室宿一、二的連線和壁宿一、二的連線向北延伸，相交於北極星。
　　・室宿一、二的連線向南延伸，指向南魚座的北落師門，目視星等 1.15。
　　・壁宿一、二的連線向南延伸，指向鯨魚座的土司空，目視星等 2.00。

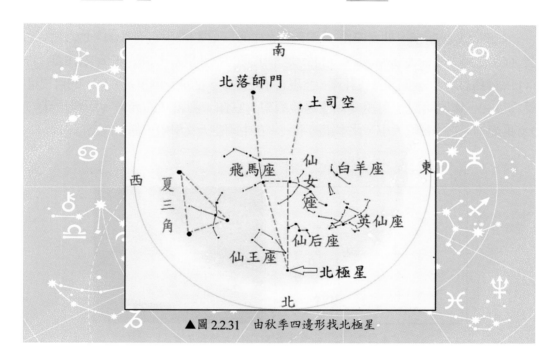

▲圖 2.2.31　由秋季四邊形找北極星

　　秋季仙界一家都登天，那就是仙王、仙后、仙女、英仙和仙界的飛馬！西洋神話中說女妖 Medusa 被大英雄 Perseus 斬首時，頸部噴出黑血直上天際，化為飛馬 Pegasus。中國二十八宿中室宿和壁宿二者掌管土木工程。又，壁宿和室宿連讀，其發音和飛馬座的英文名稱 Pegasus 之發音（壁隔舍室）也有些相似！

2. 仙女座（Andromeda）

仙女座在飛馬座和英仙座之間。它有三顆間距相近、亮度看起來也相似的星星，它們分別代表仙女的頭（α 或稱壁宿二、英文名意為馬之肚臍）、腰（β）和左腳（γ），在頭、腰之間有一顆略暗的胸部之星（δ）。各星之目視星等分別為：α 星 2.05、β 星 2.05、γ 星 2.15、δ 星 3.25。γ 為二重星。

如圖 2.2.32 所示，仙女座由 β 星引出的右腳，在膝部附近有 M31 仙女座大星雲（Great Nebula in Andromeda）。M31 是本銀河的系外星系，1923 年天文學家哈勃（Edwin Hubble）通過測量與計算，發現它不是星雲，而是一個星系。M31 的目視星等為 3.50，肉眼可見，可用雙筒望遠鏡觀察，它像一團霧狀的光斑。距離地球約 220 萬光年，它的實際大小，比本銀河系大。在中國古天文學中，稱它為奎宿白氣。

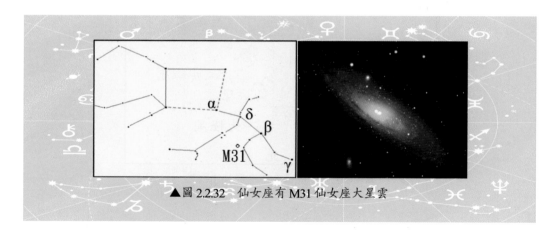

▲圖 2.2.32 仙女座有 M31 仙女座大星雲

3. 英仙座（Perseus）

它像一個橫臥在仙女座 γ 星（天大將軍一）腳下「人」字形的星座，位於仙后座與金牛座的昴宿（七姐妹）之間。英仙座在銀河之中，其 α（天船三）、β

（Algol）（大陵五）二星是2 等星，其餘為 3 等以下的暗星（見圖 2.2.33）。

在星圖中常見英仙提著女妖頭，大陵五是女妖的眼睛。中國古星圖則將大陵五視為代表皇室陵墓的大陵星宿之第五顆星。今日科學研究的結論，得知它是一組食變星，一明一暗，二者圍繞共同的質量中心飛速旋轉，由地球看過去，當暗星擋在前方，星光就變暗了。變光週期為 2 天 20 小時又 49 分，視星等在 2.1～3.5 之間變化，每次交會時會明顯地變暗 8 分鐘（見圖 2.2.34）。

所以，僅憑肉眼觀察，見到星光兩天多變化一次的大陵五，中、西神話編出了想像力豐富的凶兆之墓或惡魔之眼…有了天文望遠鏡、光譜儀時，那樣的神話也就失去它的神祕感了！但

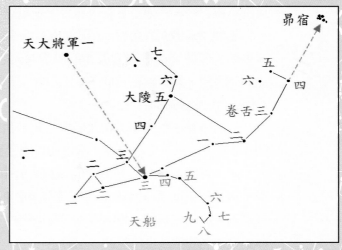

▲圖 2.2.33　英仙座各星名稱

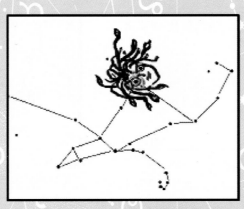

▲圖 2.2.34　大陵五是食變星

可別忽視它啊，食變星應該也算得上是星空中的「特種部隊」吧！

　　英仙座附近有許多銀河系中的星雲。每年 8 月 12～13 日前後，黎明前有英仙座流星雨，那是 1862 年彗星殘留的碎屑進入地球大氣層時，與大氣摩擦，形成灼熱發光的流星雨，輻射點在英仙座 γ（天船二）星附近。

4. 仙后座（Cassiopeia）

　　仙后座在秋季四邊形和北極星之間，共有五星連線呈 M 字形（三顆 2 等星、兩顆 3 等星）。秋、冬觀星時，常用仙后座代替北斗七星來指北極星。

　　西洋神話認為仙后是仙女的母親。而中國古天文則認為居住在北極星附近的天帝，有時要由仙后座乘馬車到秋季四邊形那兒去度假，因為這五顆星的名稱：王良意為馬夫，策是馬鞭，閣道是神明的道路。而仙后座之旁的仙王座，中名造父，是與王良齊名的馭馬者（見圖 2.2.35）。

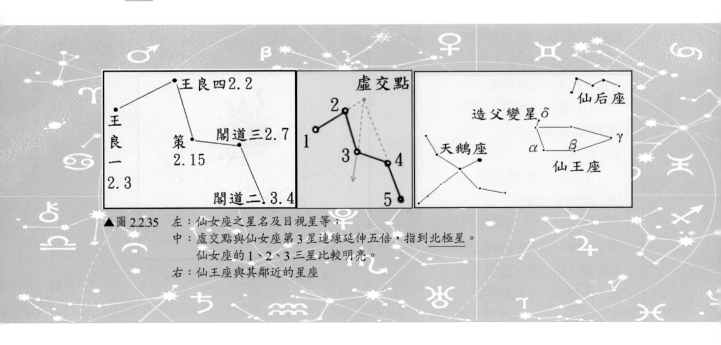

▲圖 2.2.35　左：仙女座之星名及目視星等；
　　　　　　中：虛交點與仙女座第 3 星連線延伸五倍，指到北極星。
　　　　　　　　 仙女座的 1、2、3 三星比較明亮。
　　　　　　右：仙王座與其鄰近的星座

5. 仙王座（Cepheus）

　　仙王座在天鵝座天津四和仙后座之間，呈五邊形，最尖端的 γ 星目視星等 3.20，3000 年後因地球自轉軸的晃動，它將成為北極星，地軸北端將正對此星。主星 α 目視星等為 2.45，其餘各星之目視星等均為 3。

　　仙王座的 δ 星又名造父變星，中名造父一，是一顆脈動變星，星體本身會膨脹或縮小，每 5 天又 8 小時的目視星等由 3.8 變為 4.3。以造父變星的變光週期、和地球的距離、它的目視亮度和絕對亮度為基準，可以計算其他同型變星和地球之間的距離，可算是一把量天之尺。

6. 三角座（Triangle or Triangulum）

　　在仙女座之東，目視星等：一顆 3 等、兩顆 4 等的星星合成三角形，尖端朝南。在最尖端的 α 星外側，有 M33 星系，是本銀河系外的漩渦星系，目視星等為 6.7，距地球 240 萬光年（見圖 2.2.36）。

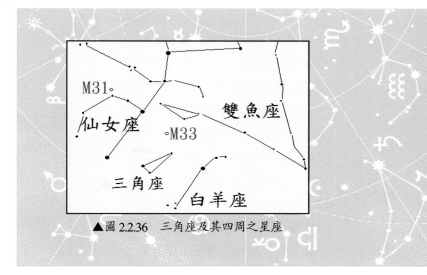

▲圖 2.2.36　三角座及其四周之星座

7. 白羊座（Ram or Aries）

　　是黃道十二宮之一，在金牛座之西、雙魚座之東。比較容易被看到的是白羊頭部的 α、β、γ 三星。雖然 α 星目視星等有 2.0，但是要找它仍然不易，試了又試，發現先找仙后、仙女再找白羊倒是一個好方法：「白羊依偎仙女腰　緊隨后王向西行」，找出仙女腰，就可以看到由仙王依序領著仙后、仙女、白羊向西行了（詳見第二章第一節：四季星座口訣的內容及圖說）。

約 3000 年前，春分時「視太陽」（春分點）在白羊座，如今已西移至雙魚座了（見圖 2.2.37）。

（二）秋季南天的重要星點和星座

1. 南魚座（Southern Fish or Piscis Austrinus）

由秋季四邊形西側的兩顆星即室宿一、室宿二連線，向南延伸，即可指到南魚座的 α 星，南魚座像一條倒臥南天的魚，魚口 α 星中名是北落師門。

在臺灣，北落師門由東南偏東升起，中天時在南方，仰角近 35 度，由西偏南落下（見圖 2.2.38）。

北落師門目視星等 1.15，白色，距地球 25.07 光年，是秋季星座中唯一的一等亮星。南魚座的其餘各星，目視星等在 4 等以下。

秋夜南天的南魚座、摩羯座、寶瓶座、雙魚座、鯨魚座和波江座等，像是一個大水域。西洋神話中摩羯座是個落水後變為羊頭魚尾的怪獸（見圖 2.2.39）。

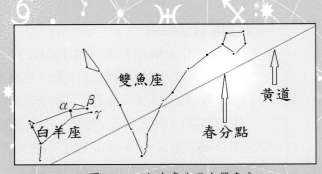

▲圖 2.2.37　如今春分點在雙魚座

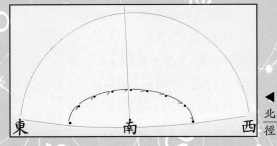

◀圖 2.2.38　臺灣北落師門的升落路徑

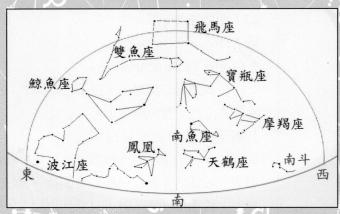

▲圖 2.2.39　秋夜南天的星空，有許多被命名為與水有關的星座

南魚座北落師門的英文名字 Fomalhaut 意為南天的嘴巴，將它想像成一張魚的嘴巴，可以接住寶瓶座傾倒下來的神水，而它的四周沒有其他的亮星，所以西洋星象也稱它為海角的孤星，秋夜可說是「北落師門雄鎮南天」。

在中國古天文的星圖中，北落師門的北方有 45 顆小星，相當於寶瓶座東部及其附近的星群，稱為羽林軍，是天軍掌管的騎兵部隊。而師門是軍隊大門的意思，大門之北有駐軍，此星因此而得名為北落師門（詳見第四章第一節 古代中國的星空概覽）。

2. 天鶴座（Crane or Grus）

在臺灣，它中天時仰角約 15～25 度。在南魚座之正南方。

有三顆比較亮的星星，α、β、γ 的目視星等分別為 1.70、2.05 和 3.0（見圖 2.2.40）。

3. 摩羯座（Goat or Capricornus）

是黃道十二宮之一，在人馬座之東、寶瓶座之西。摩羯座各星之目視星等為 3、4、5 等。

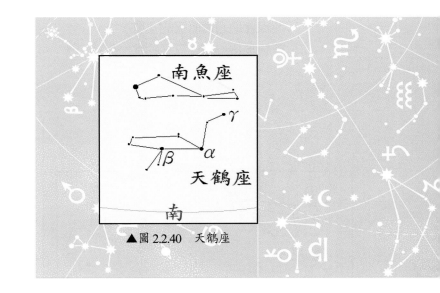

▲圖 2.2.40　天鶴座

由人馬座方向看過去，是本銀河系的中心，所以那裡特別明亮。古代蘇東坡的赤壁賦就提到了這裡的星空：

「少焉，月出於東方之上，徘徊於斗牛之間。」

其中的「斗」是指南斗，斗宿是玄武的第一宿。而其中的「牛」是指牛宿，牛

宿是摩羯座的 α 星（視星等 4.40）和 β 星（視星等 3.05），牛宿的星圖像牽牛鼻的繩子（見圖 2.2.41）。

4. 寶瓶座（Water Carrier or Aquarius）

　　是黃道十二宮之一，位於摩羯座之東、雙魚座之西。各星亮度都很低，目視星等在 2.9～5 之間。α 星目視星等 2.95，β 星目視星等 2.90。

　　許多人都說，找不到寶瓶座，那就不妨依圖 2.2.42 試試：

・由仙女座 α 星、飛馬座 α 星相連之後往南方再延伸，可指到寶瓶座的 α 星。

・由摩羯座 δ 星（目視星等 2.85）和飛馬頭部的 θ 星（目視星等 3.50）連接，其連線會通過寶瓶座的 α 星。

・寶瓶座 α、β 和 ε 三星約在一直線上。

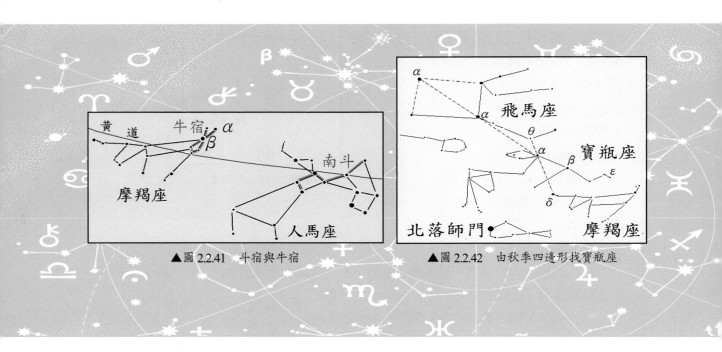

▲圖 2.2.41　斗宿與牛宿　　　　　　　▲圖 2.2.42　由秋季四邊形找寶瓶座

5. 雙魚座（Fishes or Pisces）

　　在仙女座、飛馬座之南，寶瓶座與白羊座之間。是黃道十二宮之一，如今春分時「視太陽」（春分點）在雙魚座（見圖 2.2.43）。

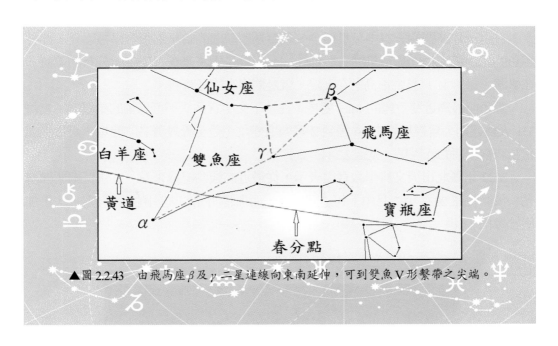

▲圖 2.2.43　由飛馬座 β 及 γ 二星連線向東南延伸，可到雙魚 V 形繫帶之尖端。

　　座內星星都不夠亮，目視星等在 3.7～5.5 之間。西魚較大，在飛馬座秋季四邊形之南，呈多角形；北魚較小、在秋季四邊形之東。

　　兩魚以若干小星呈 V 字形相繫。

　　西洋神話中說，維納斯和兒子丘比特遇難落水時變為雙魚，用絲帶相繫以免失散，後來成為天上的雙魚座。

6. 鯨魚座（Whale or Cetus）

鯨魚座是一個非常大但是星點頗為稀疏的星座，它在雙魚座的南方，由仙女座的頭部（壁宿二）和秋季四邊形的壁宿一兩星的連線向南延伸，就可指到鯨魚座的嘴巴——2等星土司空。

在這一片廣闊的天空中星星稀少，就算是不起眼的暗星都很容易被看見，此外鯨魚的尾巴遙遙指向昴宿星團（七姊妹），這就是本星座在天空中所分布的位置。在臺灣，每年11月整晚都高懸在天際，就是觀察它的好時機。

鯨魚座最靠近雙魚座的 Mira 變星，在拉丁文中意為「不可思議的星星」，它每331天為週期，目視星等由10等到2等循環變化，是全天最著名的變星，是恆星演化至非常後期的紅巨星（見圖2.2.44）。

2022年臺北市天文科學教育館表示，從最近的觀測紀錄來看，它正持續明顯增亮，預測將在2022年7月中下旬達到極亮，而那時明亮的火星剛好在其附近，更加便於尋找。

▲ 圖 2.2.44　鯨魚座的 Mira 變星

冬季主要星座

二月在晚上八、九點；三月在入夜後六、七點，冬季的主要星座和星星，在頭頂附近，偏南較多，是學習認星的好時機。

冬季亮星最多，圍成一圈，其中最好認的，是獵戶座腰上連成一直線的三顆 2 等星（見圖 2.2.45）。

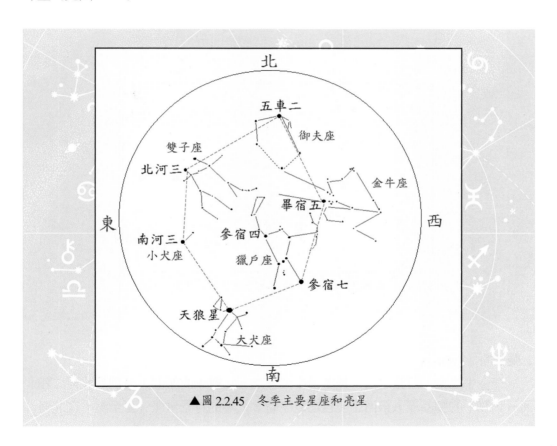

▲圖 2.2.45　冬季主要星座和亮星

（一）冬季北天的重要星點和星座

1. 御夫座（Charioteer or Auriga）

在銀河上，略成五邊形，α 主星<u>五車二</u>（Capella）是二重星，目視星等 0.05，距地球約 42.20 光年。

御夫座的<u>五車五</u>，目前已被劃定為金牛座的 β 星，目視星等 1.65，是金牛座的牛角尖之一（見圖 2.2.46）。所以，御夫座與金牛座共用<u>五車五</u>。

在西洋神話故事中，御夫是發明戰車的國王；在中國，御夫則是衝鋒的戰車。

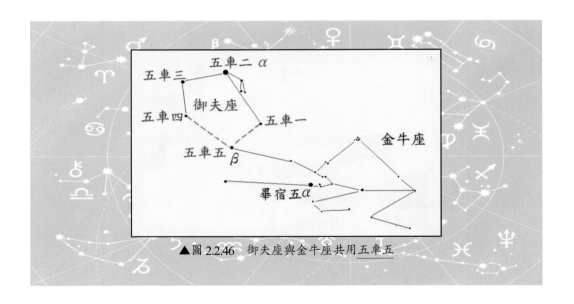

▲圖 2.2.46　御夫座與金牛座共用<u>五車五</u>

2. 雙子座（Twins or Gemini）

在金牛之東，巨蟹之西，是黃道十二宮之一。雙子的頭部，分別是<u>北河二</u>和<u>北河三</u>，雙子的腳部浸入銀河中。目前夏至時，太陽的背景星座（夏至點）在<u>北河二</u>

腳尖的位置。北河二、三和南河三分別在黃道的北與南（見圖2.2.47）。

β 星北河三（Pollux）距地球 33.71 光年，橙黃色，目視星等 1.15。α 星北河二（Castor）距地球 51.55 光年，白色，目視星等 1.90，是二重星。

雙子座在東偏北處升起，雙腳先伸出地平線；中天時，似橫臥天頂，頭東腳西；由西偏北處落下時，雙腳先著地，在地平線上像一個「門」字（見圖2.2.48）。

每年 12 月 13 日左右有雙子座流星雨，由北河二方向輻射出來。

3. 小犬座（Little Dog or Canis Minor）

位於大犬座之東，雙子座之南。α 主星為南河三（Procyon）目視星等 0.40。距地球 11.4 光年，β 星目視星等 2.85。

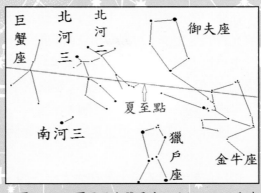

▲圖 2.2.47　夏至點在雙子座，北河二、三和南河三分別在黃道的北與南。圖中黃道以紅色線表示。

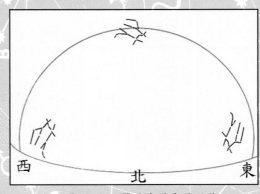

▲圖 2.2.48　雙子座的東升西落

4. 大犬座（Big Dog or Canis Major）

在獵戶座的東南方，其東半部浸於銀河中。希臘神話稱之為跟隨獵戶的大犬，在無光害的星空中，可以看出它真的很像一隻大犬。

主星是天狼星（Sirius）目視星等負 1.45，青白色，距地球 8.60 光年，實際光度為太陽的 48 倍，由地球上看過去，是夜空中最亮的恆星，比其他一等星亮 10 倍。此外，星座中有四個 2 等星，三個 3 等星。

中國古天象認為天狼星是胡人的野戰將軍，掌管戰爭掠奪之事。

5. 獵戶座（Orion）

獵戶位於天球赤道上，在大犬座之西、金牛座之東。外型像人，有頭、雙手、雙肩、腰和雙腿，希臘神話稱之為獵人，右肩浸於銀河之中。

腰帶三顆 2 等星（目視星等 1.85、1.65、2.40）呈一直線，由正東方升起，在臺灣，中天時位於南方仰角 60 度之上、再由正西方落下。腰帶三星東升起時垂直於地面，西落時平行於地面，星座上各星之名如圖 2.2.49。

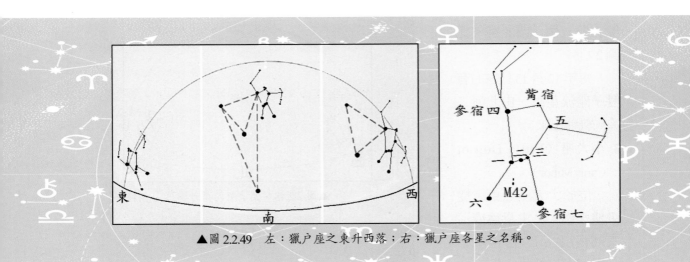

▲圖 2.2.49　左：獵戶座之東升西落；右：獵戶座各星之名稱。

中國古代天象將獵戶座視為一頭白虎，虎頭是觜宿三顆星。虎身為參宿，共七顆星。參宿一、二、三是虎腰，參宿四、五是虎的雙肩，參宿六、七是虎的雙腳。

參宿四（Betelgeuse）紅色，目視星等 0.4～1.4，變光周期為 2070 天，是一顆紅巨星，距地球 427.47 光年，它不斷在大幅的膨脹與收縮，是一顆將趨近爆炸毀滅的紅巨星。參宿七（Rigel）青白色，目視星等 0.15，距地球 772.88 光年，正在大量且快速的釋放光能。獵戶座的其他各星為青白色年輕的星球，它們的連線似獵戶右手拿棒，左手提著獸皮。

在獵戶座腰帶三星下方，有看似獵刀的 M42 和 M43，也稱獵戶座大星雲。目視星等 4.0，肉眼可見，可用雙筒望遠鏡觀察，像一隻美麗的飛鳥，是散光星雲。M42 距地球 1500 光年，是最接近地球的一個恆星形成區，實際面積為 30 光年乘以 26 光年。中心為歪方青白色的四重星，誕生於一萬年前，強烈的紫外線激活四周的星雲，隨之產生美麗的紅光（圖 2.2.50 中）。

由獵戶腰帶的參宿二連線到參宿一，向東延伸 1/4 處，畫出一個直角三角形，就會找到馬頭星雲（見圖 2.2.50 右）。馬頭星雲距離地球大約 1,500 光年，不發光也不透光，是由很厚的宇宙塵埃和旋轉的氣體所構成的。其背方有獵戶座的參宿一，

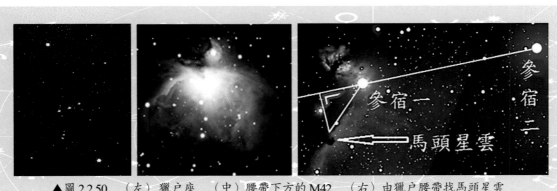

▲圖 2.2.50　（左）獵戶座　（中）腰帶下方的 M42　（右）由獵戶腰帶找馬頭星雲

電離的氫氣產生紅光，相襯之下，我們看到似馬頭狀的暗星雲。馬頭星雲基部的亮點，用自己的中心引力自行收縮，不久將產生新生的星球。

　　每年 10 月 15～30 日左右，有獵戶座流星雨，輻射點在參宿五附近，是哈雷彗星的碎屑進入地球大氣層，因摩擦而形成的。

6. 金牛座（Bull or Taurus）

　　是黃道十二宮之一，在獵戶座的西側。

　　金牛的臉呈 V 字型，主星 α 名畢宿五（Aldebaran），其他各星組織成畢宿星團，其中比較亮的星分別為畢宿一、二、三、四、六和七。畢宿星團距地球 140 光年，是 5 億年前形成的。畢宿五橘紅色，目視星等負 0.65，距地球 65 光年，是顆紅巨星（見圖 2.2.51）。

　　由畢宿一向外連到 β 星，是金牛的左角尖，β 星以前是御夫座的五車五。

　　金牛座右側的牛角尖稱為天關星，它的附近有蟹狀星雲 M1，在 1731 年被分類記錄為第一個星雲，目視亮度 8.4，距地球 6300 光年，是超新星爆炸後遺留下來的痕跡，其中心有電波球體不斷發出 X 光和電磁波（見圖 2.2.52）。

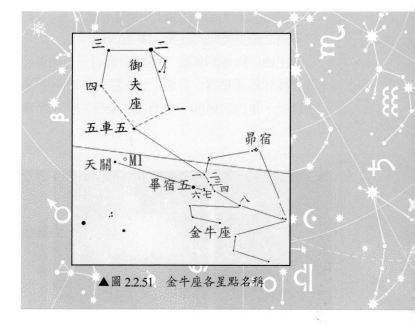

▲圖 2.2.51　金牛座各星點名稱

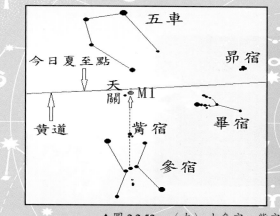

▲圖 2.2.52 （左）由參宿、觜宿找蟹狀星雲 （右）M1蟹狀星雲

中國天文史書《宋會要》：

「至和元年 5 月（西元 1054 年 7 月 4 日），晨出東方，守天關，晝如太白，芒角四出，色赤白，凡見二十三日。」（詳見第四章第二節　中國星宿故事）。

1942 年天文學家鑑定這個中國天文史書說的中國超新星的殘骸，就是金牛座 M1 蟹狀星雲中的中子星，它體積小，直徑 30 千米，自轉速快 33 次／秒，用光學望遠鏡看不見它，但是用無線電波（射電）望遠鏡可以測得它發出的脈衝式輻射無線電波。

金牛座的背部有昴宿星團，在英仙座的腳下。肉眼可見，可用雙筒望遠鏡觀察。

昴宿星團（Pleiades）又稱為七姊妹，青白色，約有 400 顆新生星球，每顆星球四周的星體會反射中央星體的光，呈現青白色的星雲。視星等在 2.85 到 5.75 之間（見圖 2.2.53）。

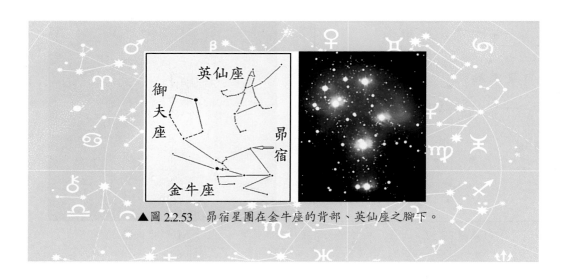

▲圖 2.2.53　昴宿星團在金牛座的背部、英仙座之腳下。

世界各國對昴宿星團都十分關愛……例如古代日本人把昴星團看成美麗的首飾，對此擁有特別的情結，今日生產的汽車品牌為 SUBARU 也是昴字的日語發音。

7. 巨蟹座（Crab or Cancer）

是黃道十二宮之一。在雙子座之東、獅子座之西。

古代夏至時太陽曾以巨蟹座為背景星座，夏至那天陽光由巨蟹座方向照向北回歸線，所以北回歸線的英文名稱是 Tropic of Cancer。如今因歲差關係，雖然夏至點已西移到雙子座了，但是北回歸線的英文名稱依然沿用舊名。我們可以在嘉義或花蓮北回歸線的標誌上看到這樣的名稱（詳見第一章第二節　歲差）。

巨蟹座中有 M44 擴散星團，在獅子座軒轅十四和雙子座 δ 星的中央，目視星等 3.10，可用雙筒望遠鏡觀察。其他的各星，目視星等為 4、5。M44 名為蜂巢星團，又名飼料筒，認為在它南北的兩星（γ 和 δ）是想吃飼料的兩頭驢子。

用肉眼看它像星雲，義大利人伽利略用天文望遠鏡看，才發現它是一個星團（見圖 2.2.54）。

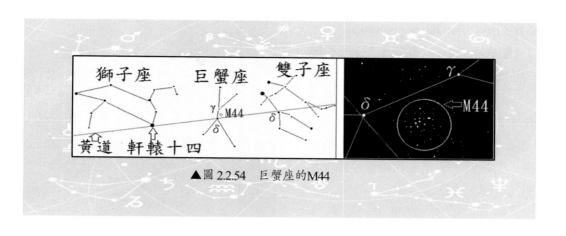

▲圖 2.2.54　巨蟹座的M44

古代中國稱巨蟹座爲鬼宿，M44 爲積屍氣，《石氏星經》稱：「鬼宿中央一星，白如粉絮，似雲非雲，似星非星，見氣而已，名曰積屍氣。」

（二）冬季南天重要的星星和星座

1. 冬季大三角

冬季大三角其實是前列內容的一部分，面向南天，找找看！

獵戶用右肩的參宿四，拉著小犬座的南河三和大犬座的天狼星，形成一個冬季大三角向西行。我們還可以用老人星來代替天狼星，形成另一個長長的冬三角呢（見圖 2.2.55）！

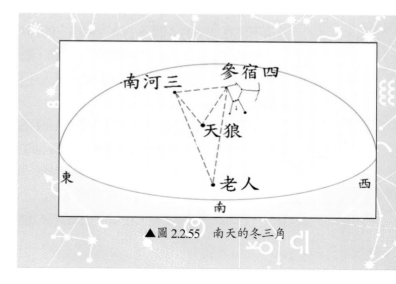

▲圖 2.2.55　南天的冬三角

2. 南船座（The ship or Argonauts）
（船底座 Carina＋船帆座 Vela＋船尾座 Puppis＋羅盤座 Pyxis）

此星座在南天球上，赤緯很低，在大犬座和南十字星之間的銀河上。因星座面積太大，故被分割為船底座、船帆座、船尾座和羅盤座四個星座（見圖 2.2.56）。

船底座的主星南極老人（Canopus）為白色，目視星等負 0.65，距地球 312.7 光年，在夜空恆星中，它的視亮度僅次於天狼星。一萬年之後老人星將成為南極之星。

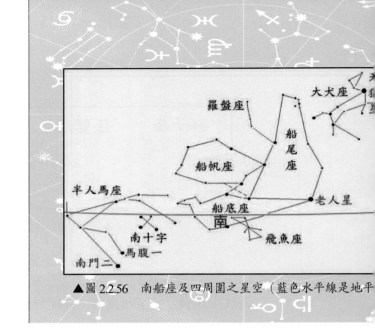

▲圖 2.2.56　南船座及四周圍之星空（藍色水平線是地平

在臺灣，可以看到老人星到由南南東升起，中天時在南天、仰角 15 度，由南南西落下，在空中有 6 個多小時。因為它的仰角低，受大氣影響，亮度略為暗淡。

南船 The Ship Argo 是希臘神話中的一艘帆船名，王子曾乘此船去取回金羊的皮毛。中國命之為老人星，意為壽星也是太平星。

3. 麒麟座（Unicorn or Monoceros）

位於大犬座和小犬座之間。星座中最亮的星星也只是 4 等星而已。各星之間的連線，也不易看出是否像隻麒麟。麒麟座的英文名字 unicorn 意為獨角獸。

由參宿四向南河三方向約 1/3 的距離，可以找到麒麟座的玫瑰星雲 NGC2244。玫瑰星雲是散光星雲，其中有六顆高溫星，發出強烈的紫外線，使四周的氣體跟著發光，形似紅色的玫瑰，在星雲上有許多黑點，將演變為新的星球（見圖 2.2.57）。

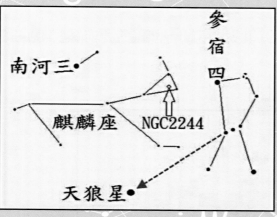

▲圖 2.2.57　左：由獵戶座腰帶三星的連線，向東延伸，可指到天狼星
　　　　　　右：獵戶座旁麒麟座的玫瑰星雲 NGC2244

4. 天兔座（Hare or Lepus）

　　在獵戶座的下方，外形略似一隻短耳兔，各星的目視星等在 2.8～3.9 之間。

　　大犬座在天兔座的東側，像一隻獵犬，以天狼星瞪著這隻小兔子！這隻小可憐看來已是獵戶的囊中之物了，獵戶似乎還不滿足，又轉身對付金牛去了！

　　在中國古天文圖中，將天兔分為屏及厠等星官，倒也十分有趣（見圖 2.2.58）。

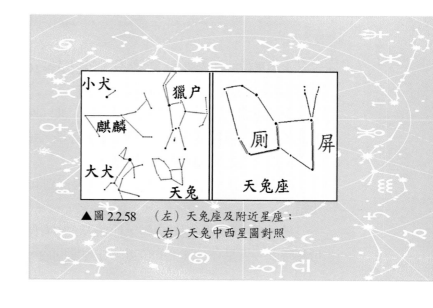

▲圖 2.2.58　（左）天兔座及附近星座；
　　　　　　（右）天兔中西星圖對照

5. 波江座（River or Eridanus）

　　像一條曲折漫延向南流去的河流，其 β 星由獵戶座參宿七之西南方開始，終於天球南端的 α 主星<u>水委</u>（見圖 2.2.59）。

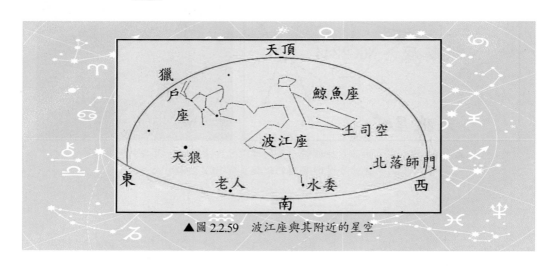

▲圖 2.2.59　波江座與其附近的星空

　　<u>水委</u>星位於負赤緯 57 度 22 分，目視星等 0.46，距地球 69 光年。<u>水委</u>星的英文名字 Achernar 意爲「the end of river」。

　　南船座的<u>老人</u>（目視星等負 0.65）、波江座的<u>水委</u>（目視星等 0.46）和南魚座的<u>北落師門</u>（目視星等 1.15）這三顆 1 等星，幾乎在一直線上，並且位居中央的<u>水委</u>，和東、西兩星的距離大致相等。

　　在臺灣，<u>水委</u>在南偏東升起，仰角最高到 10 度左右，再由南偏西落下。

小結：

　　日、月、星辰因地球自轉，而在天空中看似規律地東升西落，正可用於度量方位和時間。恆星在天球上的位置，在短期間內，沒有明顯的改變，星座圖上各星點

和星座，彼此之間的相對位置固定，想認星就須熟悉它們。

　　每天掌握天候，入夜抬頭尋星，學會了認星，自然會常常主動觀星，快樂地繼續探索，想要觀星象、辨三更、知時節、定方位，也就不難了。在戶外，夜間活動能多加一些知性和感性，點點繁星就不只是天幕上或明或暗的亮點而已了。

第三節　星星的溫度與色光

星星有的亮、有的暗，有的大、有的小，還有不同的顏色。

「星星有哪些顏色？用星星的名字舉例說明。」這是在觀星營隊中常常提到的有獎徵答題目。例如青白色的有水委星、參宿七、角宿一、軒軒十四；白色的有天狼星、織女星、馬腹一、牛郎星、北河二、北落師門、天津四；黃白色的有老人星、南河三、北極星；黃色的有五車二；橙黃色的有大角星、北河三、畢宿五；紅色的有參宿四、心宿二。

「星星為什麼會有不同的顏色？」簡單的回答是：它們溫度不同，就產生了顏色變化。不過，如果用實驗來說明，就更容易明白了。

筆者特別邀請同事傅祖業老師，共同為此設計了一個簡單的模擬實驗，我們一起來看看！

牆上插座引出 110 伏特（V）的電壓，用一個變壓器，將它改變為 3V、4.5V、6V、9V 和 12V 等不同的電壓，分別接到 12 伏特電壓的燈泡上。電壓由低到高，燈絲的溫度漸增，顏色由紅變黃、再變白。用以演示紅色的星星溫度比較低，黃色者溫度比較高，白色的星星溫度最高（見圖 2.3.1～2.3.2）。

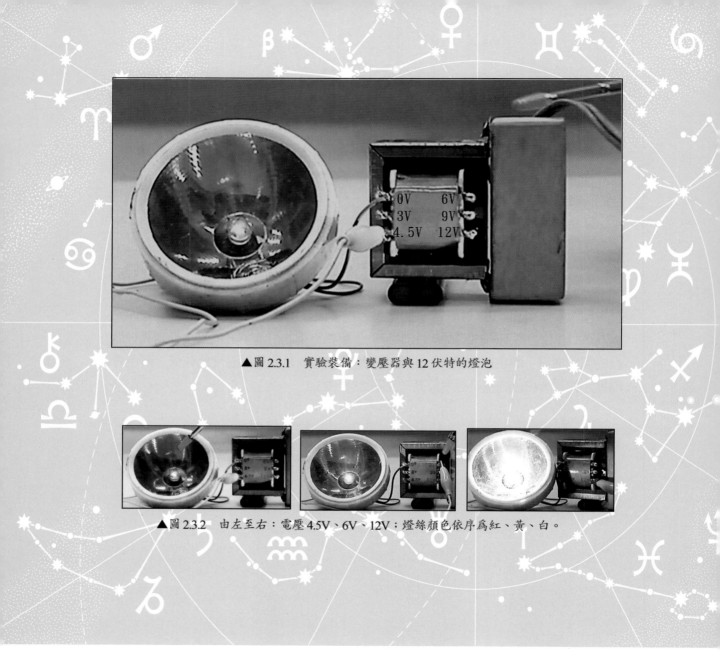

▲圖 2.3.1　實驗裝備：變壓器與 12 伏特的燈泡

▲圖 2.3.2　由左至右：電壓 4.5V、6V、12V；燈絲顏色依序為紅、黃、白。

暗室中，在燈泡前加一層半透明的塑膠片，我們能更清楚地看到電壓、溫度、與顏色變化的關係（見圖 2.3.3）。

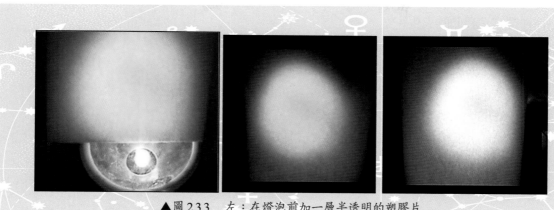

▲圖 2.3.3　左：在燈泡前加一層半透明的塑膠片
　　　　　　中：電壓 4.5V 時，呈現紅光。
　　　　　　右：電壓 12V 時，呈現白光。

　　上述實驗要在暗室中操作，不受四周光線的影響，觀察到燈泡的黑體輻射，才能看到燈泡本身真正的色光。在燈泡前加一層半透明的塑膠片，可以降低它的輝度，增大發光的面積，使大家都看得舒服、看得清楚。所以星光的顏色，主要是決定於星體表面溫度的高低。

　　「在那金色沙灘上　灑著銀白的月光　尋找往事蹤影　往事蹤影迷茫……」

　　明亮的陽光是金黃色光，照在沙灘上呈現金色的反光；而月光是銀白色光，因

為它表面的長石反射陽光後呈現白光，當月光灑下時，沙灘就變成銀白色的了。我們的實驗似乎也和那首歌有異曲同工之妙，都是在講光和顏色，只不過恆星之光是星體本身發出的，而沙灘上呈現的是反射出來的陽光或月光，造物的神奇與美麗，在在豐富了我們的人生。

可見光「光波波長的長短」就造成我們視覺上對「顏色」的感覺。

· 波長長的，大約在700奈米以下，是紅色的光。一奈米是十億分之一公尺。

· 波長短的，大概在400奈米以上，是紫色的光。

· 介於700奈米和400奈米之間，就大約是依紅橙黃綠藍靛紫排列。

· 黑體輻射能量按波長的分布呈現色光，能表現色光與溫度有關（見圖2.3.4）。

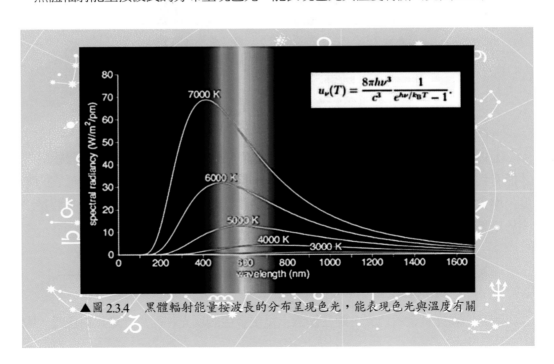

▲圖2.3.4　黑體輻射能量按波長的分布呈現色光，能表現色光與溫度有關

第三章　觀星認星的技巧

「滿天全金條，要抓沒半條……」（廣告臺詞），對初學者來說，面對滿天星斗，卻時常落得仰天長嘆。天候差的時候，只見兩三顆星，也還好辨；天候好的時候，滿天的星星密密麻麻，令人眼花撩亂，想要辨識，卻常容易張冠李戴。一般來說，傳統的觀星工具是指北針和星座盤，隨著時代的進步，現代人還有天文軟體可以使用，但是這兩類工具，仍需學習，才能得心應手。

第一節　觀星認星的好幫手
——星座盤

對初學者來說，認識星星和星座，可用方便攜帶又便宜的星座盤，不過多數人不見得會用它，因為天空是立體的，星座盤是平面的，兩者總是不容易核對。以下的介紹，目的是建構一個溝通介面，看懂星座盤，增益觀星技巧。

由「南園觀星」講起

　　那年夏天，和友人入住新竹著名的景點——南園，夜裡傳來悅耳的蟲聲，忍不住推窗望外，就見滿天的星斗。友人問：現在抬頭看到的都是哪些星星呢？我就指著夜空，帶大家辨識最顯眼的「天蠍座」。於是靜夜裡，我們有一段交「星」的談話：

> 「啊！真的很像一隻大蠍子，有頭、有尾，尾部像一個彎鉤……」
> 「它身上最亮的、帶紅色的、像天蠍的心臟位置，那顆星叫心宿二，……」
> 「這個天蠍座很容易認它，原來它是頭上尾下，直立於地平線上的。」
> 「它不可能一直停在這個位置，你們沒聽過斗轉星移嗎？」
> 「星移，移向哪兒？怎麼移？」
> 「妳說呢？要不要多看一會兒，還是晚一點兒再來看看……」

　　且讓我記下這美好的夜晚，那夜我們真的是在聊「天」，聊到興起乾脆拿出了指北針。把我們「聊的天」用手指畫出來，想像電影裡的哈利波特，揮揮魔杖就能讓星空動了起來。

　　下方用當晚三張不同時間的星空，合成為一圖與您共享（見圖 3.1.1）。

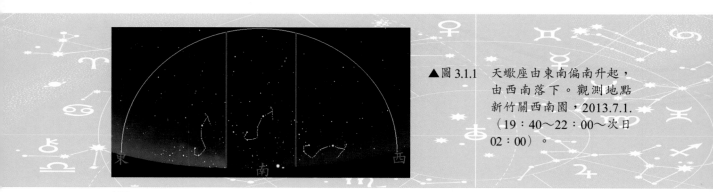

▲圖 3.1.1　天蠍座由東南偏南升起，由西南落下。觀測地點新竹關西南園，2013.7.1.（19：40～22：00～次日02：00）。

120

這樣美好的星夜對話與守夜觀星，是可遇而不可求的，平常時刻，可用星座盤去檢核，然而，卻發現星座盤與實際情況似乎不甚符合。大致上會有下面幾個問題（見圖 3.1.2 和 3.1.3）。

　　「相同時刻由星座盤看到的天蠍座，升起時怎麼不像頭上尾下？而落下時，卻會出現了一個倒栽蔥的姿態呢？」
　　「將星座盤轉到南方朝前，也不對！天頂還凹下去了！南天變得好大。」
　　「如果用星座盤的南天星象圖來看天蠍座，就與實際情況完全符合了！」

　　一次乘興出遊無心插柳，卻成了學習之旅，我們不但共同目睹了天蠍座的凌空漫步，更讓大家體認到星座盤的正確用法，如此一來，會對觀星活動更有興趣了。

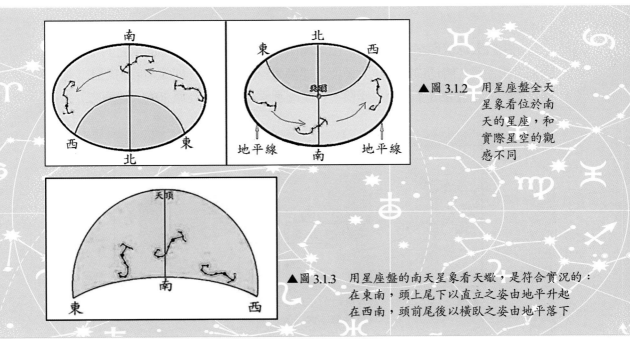

▲圖 3.1.2　用星座盤全天星象看位於南天的星座，和實際星空的觀感不同

▲圖 3.1.3　用星座盤的南天星象看天蠍，是符合實況的：
在東南，頭上尾下以直立之姿由地平升起
在西南，頭前尾後以橫臥之姿由地平落下

星座盤的製作過程

　　許多人以為，星座盤的全天星象將星空的東、西、南、北都展示了，興匆匆地拿著它去觀星，結果常常敗興而返。一個南天變形的星盤，如何與天核對？更何況滿天星點沒有連線、沒分星座？趁此機會，我們來看看立體天球是如何轉變為平面星座盤的？為什麼會將南天拉大？

　　在臺灣，北極星在地軸延伸線的天球北極，仰角需等於北回歸線的緯度。所以臺灣版的天球儀，地軸北端由地平面向上仰起 23.5 度，地軸南端就由地平面向下降低 23.5 度。由天球北極看，地球逆時鐘方向繞地軸自轉，相對地天空看似反向繞地軸運行，我們看星空東升西落。在臺灣始終看不到天球南極四周（赤緯負 66.5 到負 90 度）的星空，因為那個區域的星空，無法因地球自轉出現在地平面之上（見圖 3.1.4）。

　　如果將天球儀像剖柚子那樣，由天球南極剖開、攤平、再翻面，它的切口兩側就不再相連了。將切口左右拉大，使之連接成一個大圓盤。如此這般的剖法，使一個立體的天球儀變成了平面星座盤。其星圖圓盤越靠外側（原來的天球南方），被

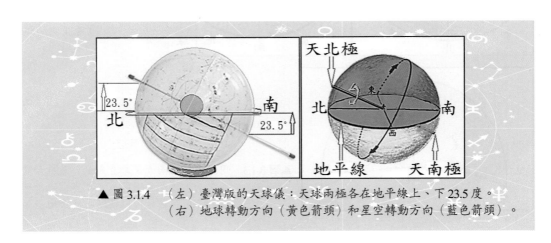

▲ 圖 3.1.4　（左）臺灣版的天球儀：天球兩極各在地平線上、下 23.5 度。
　　　　　　（右）地球轉動方向（黃色箭頭）和星空轉動方向（藍色箭頭）。

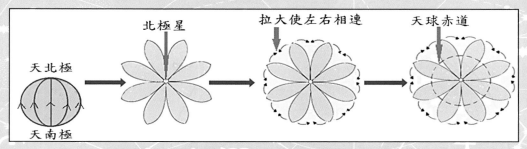

▲圖 3.1.5　立體天球儀剖開，改爲平面星座盤的過程

拉得越大，圓盤中心是北極星（見圖 3.1.5）。

　　星座盤星圖圓盤的外緣，標示天球赤經的位置 0～23h。赤緯則由天球赤道向中心標示 0～90、向外圈標示 0～負 90 的弧度。臺灣版星座盤的星圖：天球南極附近 23.5 度的星空，我們看不見，就不畫了，所以赤緯只到負 66.5 度。星圖圓盤中淺色不規則之圓是銀河；圖中以北極星爲中心之正圓，是天球赤道；圖中的虛線圓圈是黃道。黃道之春分點與秋分點和天球赤道相交；黃道之夏至點在北天（天赤道之內側），黃道上之冬至點在南天（天赤道之外側）（見圖 3.1.6）。

　　加上蓋盤後的星座盤，視窗地平圈之內的部分，才是我們可以看到的星空範圍。

　　有些人會問：「星座盤是用來看星星的，它的上面爲什麼要畫黃道？黃道不是太陽的視運動路徑嗎？看星星時也要看太陽？」

　　我們談過，因爲地球繞日公轉，由地球看過去，太陽的背景星座逐月不同，太陽似乎是每月入宮到一個新的星座上，此等星座連接起來，出現一條虛擬的黃道軌跡。

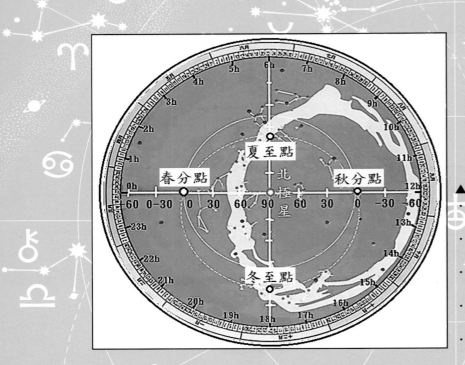

・▲圖 3.1.6 星座盤
・星圖圓盤的外緣,標示天
　球赤經的位置 0～23h。
・臺灣版的星圖圓盤,赤緯
　只到負 66.5 度。
・星圖圓盤中淺色不規則之
　圓是銀河;
・圖中以北極星爲中心之正
　圓,是天球赤道;
・圖中的虛線圓圈是黃道。

　　星座盤中要畫星點、星座、要寫它們的名稱等,實在太擠,所以將黃道上每天
「視太陽」的月、日標示,移至大圓盤的最外圈(見圖 3.1.7)。

　　展示一個蓋盤透明的星座盤,就容易看懂星座盤上,爲什麼必須加上黃道的道
理了!

　　星座盤蓋盤上有一個視窗,它的邊緣有地平線,每天黃道上的「視太陽」可由
東方地平升起、西方地平落下。轉動星座盤,月、日標示在最外圈黃道上的「視太
陽」也跟著轉,入夜後它在地平之下的位置與「蓋盤上的時刻標示」配合,才可顯
示某月、某日、某時之星空情況(見圖 3.1.8)。

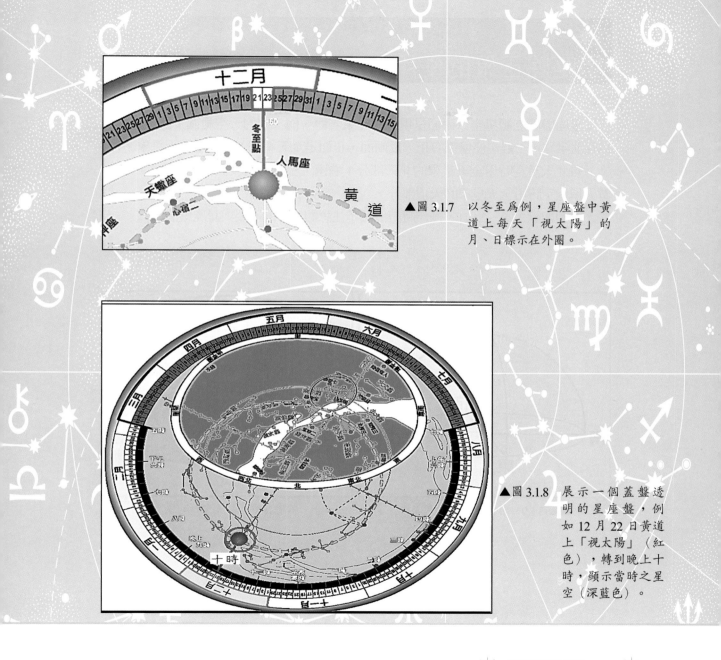

▲圖 3.1.7 以冬至為例，星座盤中黃道上每天「視太陽」的月、日標示在外圈。

▲圖 3.1.8 展示一個蓋盤透明的星座盤，例如 12 月 22 日黃道上「視太陽」（紅色），轉到晚上十時，顯示當時之星空（深藍色）。

　　星座盤將立體星空以平面呈現，因此東、西、南、北的天空範圍不能等分，所以在北半球，一般星座盤都有正、反兩面，正面是全天星象；反面是南天星象。

　　看北天星空時用全天星象的北天部分；看南天星空時用反面南天星象的部分；看天頂星空時用全天星象的天頂部分。

　　說明如圖 3.1.9～3.1.11，操作時請依圖示注意觀測者的站姿與星座盤的拿法。

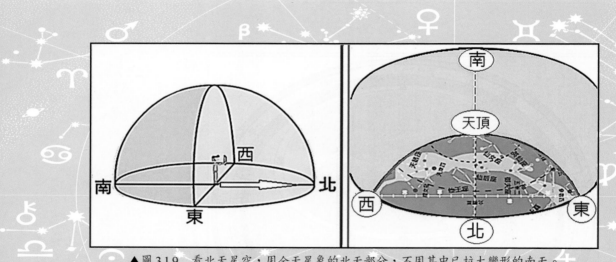

▲圖 3.1.9　看北天星空，用全天星象的北天部分，不用其中已拉大變形的南天。

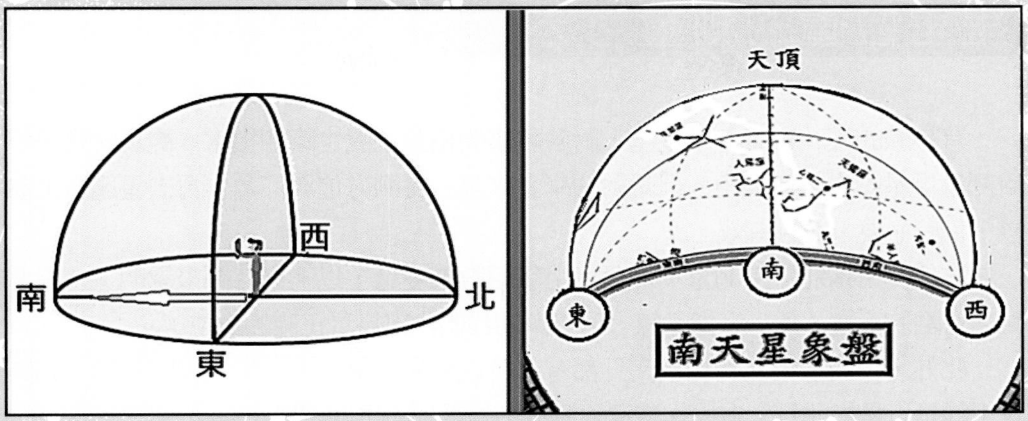

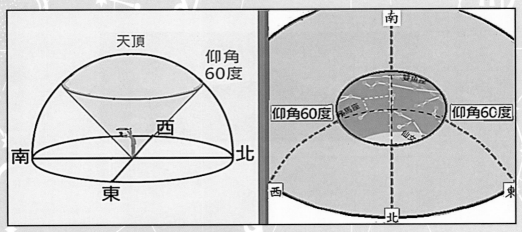

▲圖3.1.10　看南天星空，用反面的南天星象盤，它的星空比例、星座形態都正常。

▲圖3.1.11　看天頂星的星空，用星座盤全天星象中仰角60度以上部分。

星星位置的測量方法

　　有經驗的人，熟悉各季星空，對各星座的相對位置也瞭如指掌，觀星時幾乎不用測量星星的方位與仰角。但是對初學者來說，實測方位與仰角，再去星座盤上驗核，仍有必要，並且有效。

　　方位要用指北針來測量，仰角可用拳頭數來度量，以下列各圖來說明。在指北針中心點的下方，加一條指示線，可以幫助我們找出星星正確的方位。

　　此外，市面上指北針和指南針都有，所以要先利用上、下午的太陽位置，判斷選用的是否是指北針，在操作時還須避免指針受到磁場的干擾。

（一）方位的觀測方法（見圖 3.1.12）

▲圖 3.1.12　觀測星星的方位

1.將指北針放在有方位指示線的底板上，指北針的中心在方位指示線上。

2.測量工具平放手上，以手比畫，將要觀測的星星由空中垂直畫到地面。

3.方位指示線的箭頭要對準星星落到地面的位置。

4.指北針在限定的圓圈中轉動，使指針和盤面的「北」字重合。

5.由方位指示線和指北針讀出星星的方位。

（二）仰角的觀測方法（見圖3.1.13）

1.手握拳頭向前伸直手臂，舉到拳頭上緣和眼睛一樣高，表示0度。

2.每加一個拳頭大約拉高仰角10度（注意拳頭在空中的位置必須穩住固定，不可下垂）。

3.直到拳頭剛好遮住星星，這時的拳頭數，就可以換算為星星仰角的度數了。

　　而用拳頭來測仰角，也要多加練習。測出星星的方位和仰角後，配合觀測的時間，再去星座盤上找出星星的名稱。

▲圖3.1.13　觀測星星的仰角

夜間觀星的認識與準備

1. 觀星時間和地點的選擇

　　在臺灣，無光害可看繁星的地區和時間都不多，但是可以看到比較亮的星星。

　　所以只要天氣一晴，天空有星星出現，即可依實際的月、日、時轉動星座盤，進行觀星。

　　都市地區，夜晚燈光造成光害，干擾觀星活動。解決之道，除了盡量避開燈光，還可以用手臂、書本、帽緣等擋光，也有助於看清星空。在有光害的環境下，靠近頭頂的亮星比較容易觀察。而亮星不多、光害影響明顯、亮星不近頭頂、地平線四周大氣層厚、有煙霧障礙等情況，都不利於觀星。

　　若是有機會到高處觀星，避開路燈、車燈，光害干擾的問題就大大降低了，反倒是星光過於燦爛亂人心目，需要重新適應呢！高山、曠野、海邊、人煙稀少處，都是觀星的好地方。但要記得結伴而行，和所有戶外活動一樣，注意安全第一。

　　幾年前中秋節的晚上，天氣晴朗，到新竹南寮漁港賞月，走到遠離街燈漁火之處，坐在海邊側身背對明月，月下人影清晰、眼前浪花拍岸、海上星光燦爛，好美好美的中秋夜色！原來無人工光害之處，只要背向月光，觀星的光害問題竟然不復嚴重了。本來只是應景賞月，竟能意外觀星，大家細數星點，看北斗杓口向上、在西邊慢慢平臥、再沒入海中；夏三角由高空漸漸西落、秋季四邊形緩緩東升，遠處還有漁火點點陪襯⋯⋯。事隔多年回想起來，那幕夜景仍然留在腦海之中。只要走出戶外，身體力行，觀星之樂永樂無窮（見圖 3.1.14）。

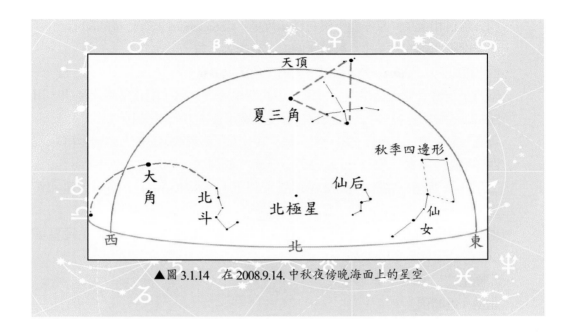

▲圖 3.1.14　在 2008.9.14. 中秋夜傍晚海面上的星空

2. 觀星的準備和預習工作

出門觀星，要準備星座盤、指北針、包著紅色玻璃紙的手電筒（以免燈光太亮，眼睛不能在短時間內調適過來）、有帽沿的帽子（擋光用）、手錶、防蚊衣褲和平板等，都要隨身攜帶。

新手觀星，觀星前將夜晚可觀測的星空內容先作預習。例如 2013 年 7 月 28 日，我的外孫子恩和他的同學要來學習觀星認星，當然，除了星座盤之外，我們也可以用免費的天文軟體 Stellarium 去查看。近黃昏時大家預習的內容是：

(1) 天剛黑時

空中群星東升西落，為了把握觀星時機，要先觀測西方各星，再看東側星空。

在西側星空要找到的目的物如下：

‧西方落日和金星（星座盤上沒有標示行星，但Stellarium上有行星的顯示）。

‧南方即將西落的獅子座（<u>軒轅十四</u>）、春季大三角。

‧西北的北斗七星、春季拋物線（<u>大角</u>、<u>角宿一</u>）。

‧南方星空看青龍（這是中國古天文中的四象之一，為了配合當晚之星象，用Stellarium順便先看一下，因為它正好完全顯示在南方的夜空中。）

青龍七宿：角、亢、氐、房、心、尾、箕（詳見第四章第一節　中國星宿）。

西洋星座：室女（<u>角宿一</u>）、天秤、天蠍（<u>心宿二</u>）、人馬（<u>南斗</u>）。

‧土星、找黃道（由生日星座和行星來判定）（Stellarium上顯示行星和黃道）。

‧由東方升起的夏季大三角：<u>牛郎</u>（和兩側的扁擔星）、<u>織女</u>（視星等0.00）、<u>天津四</u>（天鵝座）。

‧北極星。

‧北冕（近頭頂）。

(2) 稍晚時，21：00～22：00～23：00可觀測的內容：

‧北天：仙后和秋季四邊形東升。

‧南天：<u>北落師門</u>。

(3) 預習多種找北極星的方法

‧由北斗找、由仙后找、由夏三角找、由秋季四邊形找、由方位和仰角找等。

3. 星座辨認的學習

　　繪製星圖的人，依眾人規劃的星座，將星點加以連線，形成星座圖。中西文化背景不同，自行圈選連結的星座和名稱當然也各不相同。

　　例如：我們細看人馬座、牧夫座、鯨魚座……各種星圖畫法不同，有人喜歡有神話圖像的、有人喜歡線條簡單的、有人喜歡「名、形」相符的……（見圖3.1.15）。

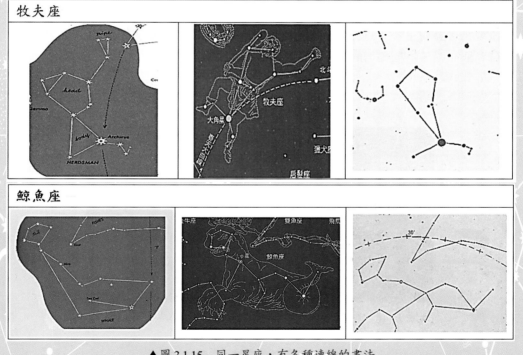

▲圖 3.1.15　同一星座，有各種連線的畫法

同一星座中每顆星星的距離，相差何止「十萬八千里」，星球之間的距離一般是以光年為單位，一光年表示光走一年的距離，而光速是 30 萬公里／秒，表示一秒鐘可繞行地球 7 圈半。以大家比較熟悉的獵戶座為例，它像一個獵人，星座中最亮的兩顆星是獵人右肩參宿四和左腳參宿七，它們和地球的距離不同，前者是 427.47 光年，後者是 772.88 光年，但是我們看這一群星星，都在天幕上一個小範圍的同一平面上（見圖 3.1.16）！

要對星座熟悉，可以練習將星點自行連線成星座，做這個工作，你會注意星點目視星等的大小、各星點或各星座彼此之間的相對位置、相對距離、星圖形像等，請參看本書第二章第二節「四季星座之簡介」的內容。熟悉星座圖之後，在星空下辨識星座，就會進步神速了。因為天幕上各星點之間本來就沒有連線、沒有圖樣、沒有名稱……，這種預習的工作非常有用。

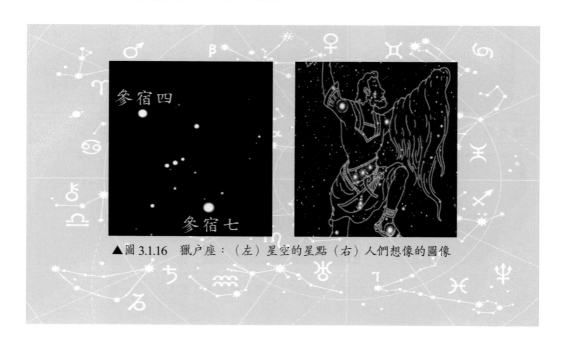

▲圖 3.1.16　獵戶座：（左）星空的星點（右）人們想像的圖像

銀河鐵道神遊之旅

在臺灣，因為高度都市化造成光害的影響，許多人甚至沒有看過天上的銀河。要多到鄉下走走、常到高山看看，晴朗的夜晚，仍有機會看到銀河！它在深邃的天幕上是一條白茫茫的光帶。古人對它也特別喜愛，無論詩、詞都有豐富多采的描述。並且到了《晉書・天文志》對它的界線、或它前方的星座已有詳細的說明。

日、月、星辰在天上，大自然的景物在地上，人在天地之間俯仰或探索天地的神秘，是我們的夢想和理想。1609 年義大利人伽利略發明了第一架天文望遠鏡，由鏡中望見了遠比目視更豐富、更燦爛的星空：月面的凹凸、金星的盈虧、太陽的黑子、木星的衛星、銀河中的許多星點等盡收眼底。於是發現銀河是遠方許多星星的聚合體，它既非通天之河，亦非天上的牛奶之路。中國《蜀都賦》：「雲漢含星而光耀洪流」，也猜想銀河是由無數星星所組成的。

由 1609 年到如今，400 多年了，天文的研究呈現天文數字般的成長。400 年，該豎一個里程碑，全世界人們把 2009 年定為國際天文年。今日我們不但可以由地面觀天，更可以由太空船探訪太陽系中的星球；不僅由光學望遠鏡視察太空，也能由電波望遠鏡分析外太空的輻射波，深入認識宇宙的真實面貌，也使可觀測的宇宙範圍半徑擴大到 100 億光年。

2009 國際天文年，廣達文教基金會與日本天文畫家加賀谷穰（KAGAYA）、台北市立天文館合作舉辦過「天空中的秘密——與 KAGAYA 同遊星空」校園巡迴展，觀測與體驗宇宙的浩瀚和星座的人文美學內涵，是一個結合科學與美學的融合學習。

其中見到了 KAGAYA 先生創作的「銀河鐵道之夜」數位動畫，《銀河鐵道之夜》是日本國寶級作家宮澤賢治膾炙人口的經典童話，寓意深遠。KAGAYA 先生描繪的數位動畫，創作出對宇宙魅力的幻想，它依據的是一個小孩子的夢境，所以其銀河中各個星座看起來和地球上看到的一樣。雖然我們知道在銀河那兒，不可能也

看到由地球上看到的星座。不過在欣賞、品味這部文藝作品之外，我們也可藉著故事中銀河上逐一呈現的動畫星座，學習有哪些星座以銀河為背景，這也是一種另類的學習方法。

▲圖 3.1.17　左：星座盤上有一圈淺色的銀河
　　　　　　右：在臺灣塔塔加高山觀賞銀河，遠山上可見金星襯著初升的月亮（2019.3.3，
　　　　　　　　05：20 李佳靜攝）

小結

　　星座盤可以旋轉、可以自訂觀星的時間，十分便宜、攜帶方便，不過它將立體的星空改為平面星圖，致使南天星空拉大變形，我們必須瞭解如何正確地用它，也要在觀星前多用星座盤預習，或是現場操作，才會習慣。否則，會像許多人一樣，小時候買的星座盤，到現在還不會用它。

　　有經驗的觀星者，星座圖幾乎都已印在腦海中了，觀星時他們不靠星座盤，由亮星就能找出其他的星星，但對初學者來說，星座盤這個工具，仍然十分有用。

日本「數位藝術家」KAGAYA 將星空中實際觀測到的星點和星座，用電腦繪圖（Computer Graphic）的技巧，創作出如夢如幻的希臘神話畫作。廣達文教基金會舉辦「天空中的秘密──與 KAGAYA 同遊星空」校園巡迴展，這個工作中筆者有幸擔任顧問工作，見到各校負責介紹畫作的小尖兵們，必須先找出每一幅星座神話中的星點、連線後再認星座；由圖像去熟悉星座，以及各星座彼此之間的相對位置。這個準備工作使大家到戶外的星空下，更容易觀星和認星。

此外，小尖兵們口述 KAGAYA 畫中的希臘神話故事，體認了故事裡的文化、創思；分析神話故事裡人物的人格特質，發展情緒智能；欣賞 KAGAYA 畫作之美，分析展品的構圖、創意和色彩光影之美；他們也嘗試星空藝術創作，諸如故事、歌曲、舞蹈、戲劇、繪畫、雕塑……等。

誠如在廣達文教基金會校園巡迴展中，董事長林百里先生所送給大家的話：

「我們希望這個探索星空的展覽，不僅帶你遨遊星空、學習知識與欣賞藝術，更能引導你去思考生命的真正價值。」

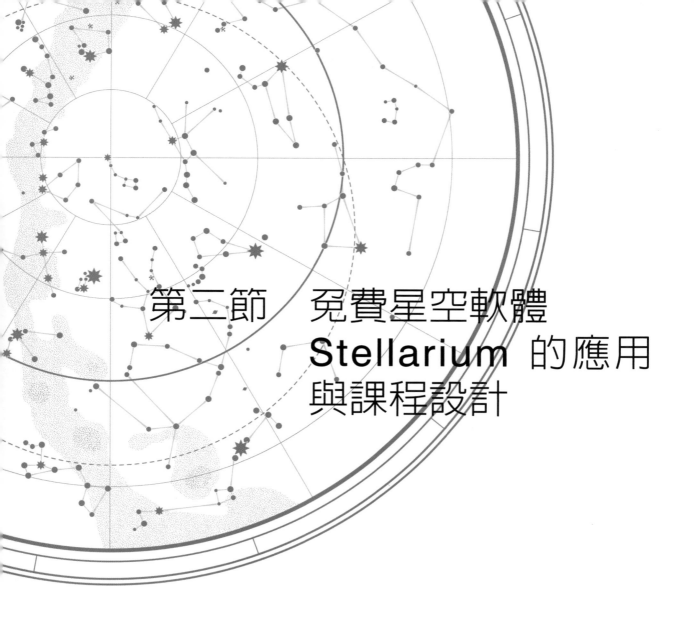

第二節　免費星空軟體
Stellarium 的應用
與課程設計

Stellarium 這套天文軟體，有它的人性化操作界面，使初學者可以在不受天候影響，不受時空限制的理想環境下，輕鬆地看到美不勝收的即時模擬星空，是難能可貴的助學工具，值得大力推而廣之。而且除了日、月、星辰之外，它還能顯示每日行星在夜空中的位置、可代替天文望遠鏡或哈伯望遠鏡（Hubble Space Telescope）觀測行星、星團、星雲、星系或其他銀河系。

我們設計了幾個實地操作的單元，試著從不同的主題探討 Stellarium 如何與天文的相關課程銜接，希望拋磚引玉，讓大朋友、小朋友們都能夠「享受高科技，再創新文明」。

Stellarium免費星空軟體的下載

到 http://timc.idv.tw/stellarium 下載主程式、Stellarium 正體中文增強包和恆星中文化等步驟。

1. 安裝主程式：雙點選 Stellarium-0.10.2.exe

2. 安裝正體中文增強包：

雙點選 Stellarium-zhTW-addon-0.1.7.exe，選擇「繁體中文」開始安裝。

3. 恆星中文化：將 star_names.fab 複製到

C:\Program Files\Stellarium\skycultures\western 取代既有檔案。

4. 星座中文化：重複以上步驟，將 name.fab 複製到

C:\Program Files\Stellarium\stars\default 取代既有檔案。

5. 從「開始」功能表中的捷徑啟動程式，即可進入 Stellarium 畫面。

Stellarium 軟體使用說明

　　可視需要點選面板上的下列選項，但都需多加練習，才能熟悉軟體的使用。

1. 下方選項：

　　星座連線、星座名稱、星座插畫、赤道座標、地平座標、地平線、方位基點、大氣、星雲、將選擇天體移至畫面中央（用滑鼠點選天體、再按空白鍵）、夜間模式、時間流速及結束等選項。

2. 左側選項：

　　觀察地之位置（經度、緯度和海拔高度）、日期與時間、星空與顯示（包括星空、標示、地景、星空述語）、搜尋天體、設定、說明等選項。

應用與設計的實例

（一）看「每個月太陽的背景星座」——從生日星座認識黃道和歲差

三千多年前，巴比倫人制定生日星座。明訂各人的生日星座是出生當時太陽的背景星座，然而不論白天和夜晚我們都看不見它。一年有 12 個生日星座，依月份順序變換。如今，每個月太陽的背景星座是哪些呢？我們可以用 Stellarium 的星空模擬圖來看個清楚。

1. 操作方法

    (1) 設定時間：每一個月原來生日星座表選定的日期，晚上 20：30。

    (2) 追蹤太陽的位置：一般來說，要等到天黑之後才能看到星星，然而那時太陽已完全落入地平之下。所幸在 Stellarium 的夜空中，能以消去地平線的方法來追蹤太陽的位置。並以滑鼠左鍵鎖定太陽，按長鍵使太陽置於螢幕中央。

    (3) 標示黃道：點選「星空與顯示」，勾選「標示項中的黃道」。

    (4) 點選星座連線和星座名稱：就可以精確地檢視每個月太陽的背景星座了。

2. 結果

3 月 21 日起——雙魚座	4 月 21 日起——白羊座
5 月 22 日起——金牛座	6 月 22 日起——雙子座
7 月 24 日起——巨蟹座	8 月 24 日起——獅子座
9 月 24 日起——室女座前段	10 月 24 日起——室女座後段
11 月 23 日起——天秤～天蠍座	12 月 23 日起——人馬座
1 月 21 日起——摩羯座	2 月 20 日起——寶瓶座

3. 說明

由於地球繞太陽公轉，一年一周。以致於相對地將太陽看成每月在 12 個生日星座上運行。好像每個月入宮（住進）到不同的星座上。

由古代生日星座制定之時到現在，已經過了三千多年，累積年年的歲差，生日星座與月份之間，前後錯開了一個星座的位置。

例如當初 6 月 22 日到 7 月 23 日太陽的背景星座是巨蟹座，如今變成了雙子座（見圖 3.2.1）。各人的生日星座是依古代生日星座的時間表來訂定的，大家都可以用自己的生日星座在 Stellarium 中來驗證歲差的變化。

而四季代表日「視太陽」的背景星座也可用相同的方法來檢視（見圖 3.2.2）：春分點（春分的「視太陽」）在雙魚座、夏至點（夏至的「視太陽」）在雙子座、秋分點（秋分的「視太陽」）在室女座、冬至點（冬至的「視太陽」）在人馬座。

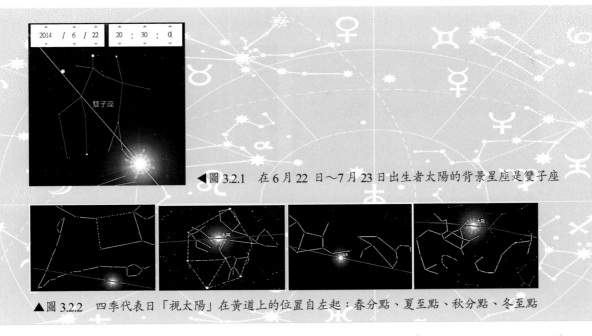

◀圖 3.2.1　在 6 月 22 日～7 月 23 日出生者太陽的背景星座是雙子座

▲圖 3.2.2　四季代表日「視太陽」在黃道上的位置自左起：春分點、夏至點、秋分點、冬至點

（二）守落日看黃道

　　因地球的公轉，又因為看不出星空中各星球和我們之間的距離，太陽似乎每月入宮到一個新的背景星座（生日星座）之中，這個「視太陽」的運行軌跡是一條虛擬的黃道線，我們看不到它。但是由「守日落、守日落處上方的生日星座」，就可以察覺這一條虛擬的黃道線了。只不過，你守的西方日落處，必須是一個空曠無阻擋、無光害的地平線才行！

　　所以，我們可以由天文軟體 Stellarium 研究這樣的資料，它能彌補受天候、光害等實際觀星的困境。

　　例如：2013 年 5 月 1 日～8 月 1 日，每隔一個月傍晚 19：15 的記錄，每張圖片都顯示了落日餘暉，原來的想法可以得證。日落處上方的生日星座每月依序分別是：金牛座、雙子座、巨蟹座和獅子座。行星也在這條黃道線上（見圖 3.2.3）！

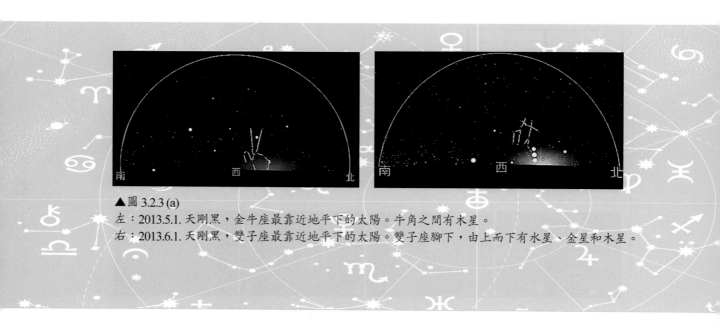

▲圖 3.2.3 (a)
左：2013.5.1. 天剛黑，金牛座最靠近地平下的太陽。牛角之間有木星。
右：2013.6.1. 天剛黑，雙子座最靠近地平下的太陽。雙子座腳下，由上而下有水星、金星和木星。

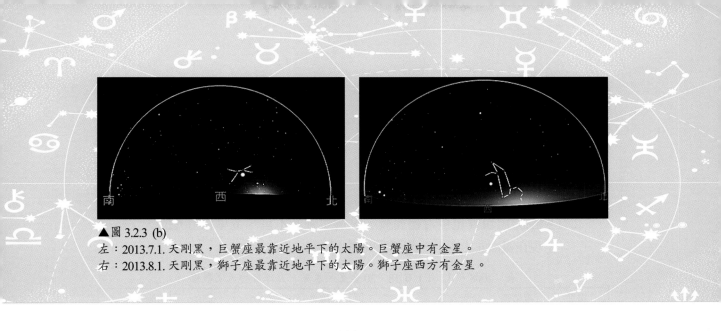

▲圖 3.2.3 (b)

左：2013.7.1. 天剛黑，巨蟹座最靠近地平下的太陽。巨蟹座中有金星。
右：2013.8.1. 天剛黑，獅子座最靠近地平下的太陽。獅子座西方有金星。

（三）木金伴月——星球的天文數據

2008 年 12 月 1 日傍晚，在西南方的天空，見到金星、木星和眉形的新月近靠在一起相互爭輝，吸引眾人的注目。

這三個當晚空中最明亮的星體相互爭輝，為逐漸低垂的夜幕帶來驚喜，天空在微笑，地上的人也跟著展開笑顏！仔細看，兩顆星星像眼睛，左側的金星比較亮、右側的木星比較暗，冬天傍晚、農曆初四的眉形月像微笑時上揚的嘴角（見圖 3.2.4）。

▲圖 3.2.4　天上一抹微笑

「木金伴月、笑意滿天」的科學內涵有哪些？大家都提出許多問題。我們試著由 Stellarium 來演示和分析：

1. 依需求選擇基本設定項目：

   地點：臺灣

   時間：2008 年 12 月 1 日 18：30

   星空：月球尺寸放大、顯示黃道

2. 在西南方出現雙星伴月畫面後，點選並查看木星、金星和月亮的天文數據（呈現在畫面左上角），來研究問題：

表　2008 年 12 月 1 日 18：30 金星、木星、月球自的天文數據

星球	視星等	絕對星等	赤經	赤緯	方位角	仰角	距離（AU）
金星	−4.05	27.51	19h37m	−23°	231°	18°	1.0056
木星	−1.58	26.17	19h35m	−21°	233°	19°	5.8063
月球	−8.51	35.90	19h24m	−24°	233°	16°	0.0026

3. 問題與解答

   問題一：在 Stellarium 的天文數據中，視星等有什麼特別的意義？

   解答：星球視星等在 6 之下肉眼可見、或用雙筒望遠鏡看、更可以藉 Stellarium 天文軟體的設計，代替天文望遠鏡，清楚地觀看它們：按長鍵使鎖定之目標物穩定在螢幕中央，用滑鼠滾輪 zoom in，使目標物放大，2008 年 12 月 1 日當天，金星的位相似弦月稍凸、木星的紅斑和衛星都能呈現（見圖 3.2.5）。

▲圖 3.2.5　由 Stellarium 看木星（左）和金星（右

問題二：雙星伴月那天，在 Stellarium 的天文數據中，行星到地球的距離有什麼特別的意義？

解答：雙星伴月的三個星球和地球的距離相差很大：

金星 1.0056AU、木星 5.8063AU、月球 0.0026AU，1AU＝149,600,000 公里。可是我們看三者在天上形成一抹微笑，所以眼睛看不出各星球和我們的距離。

問題三：2008.12.1 日的傍晚、在西南地平線上空，「雙星伴月」是怎麼形成的？

解答：金、木二星是太陽系的行星，月球是地球的衛星，三個星球各自有它的運行軌道和週期，在 2008.12.1. 那時因巧合由地球看過去，三者形成了趣味十足的構圖！

(1) 由地平座標來研究：

在 Stellarium 中開啓「地平座標」，找出這個事件發生前，木星、金星和月亮每天傍晚（18：30）它們各自在空中的位置（見圖 3.2.6）。

由 2008 年 11 月 22 日起，木、金兩星在我們的視野中逐漸接近，11 月 30 日時出現月亮。12 月 1 日傍晚，它們在天空中，形成了「雙星伴月、一抹微笑」！

(2) 由赤道座標來研究：

在 Stellarium 中，開啓「黃道、天赤道、赤道座標」，消去「地平」線，可以看到 2008.12.1. 傍晚「雙星伴月」木星、金星和月亮在天球上的位置。所以，木星、金星和月亮三者運行到近乎「天球相同的經、緯度」，才會湊合出一個可愛的「雙星伴月、一抹微笑」（見圖 3.2.7 和圖 3.2.8）。

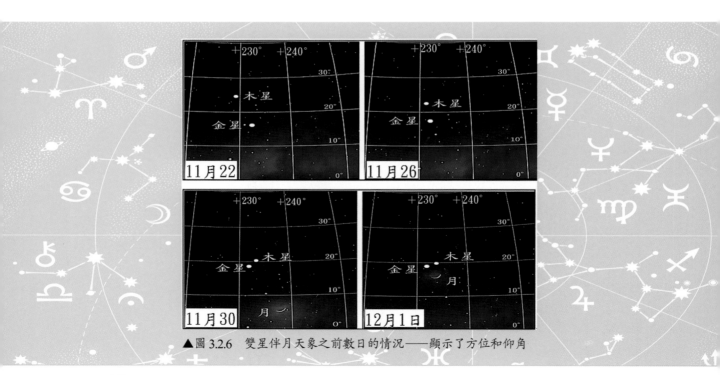

▲圖 3.2.6　雙星伴月天象之前數日的情況——顯示了方位和仰角

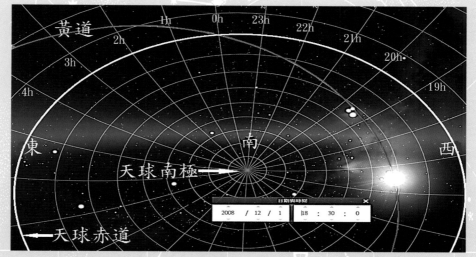

▲圖 3.2.7 「雙星伴月」在赤經 19h〜20h，和 Stellarium 的天文數據相符。消去地平線，顯示天球南極，比較容易明白「天球座標」的意義。

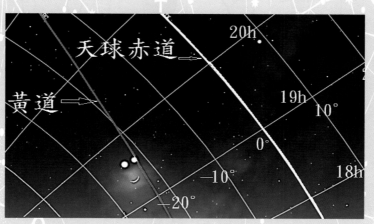

▲圖 3.2.8 「雙星伴月」赤緯負 20〜負 30，和 Stellarium 的天文數據符合。

【天球上的座標】（見圖3.2.9）

・所有的天體不管距離多遠，看起來都分佈在一個極大的球面上，這就是天球。

・天球赤道：地球赤道投影到天球上的大圓，分天球成北、南兩個半球。

・天球極軸：通過地球南北極的地軸向外延伸之假想軸線，與天球的交點稱爲天球北極和天球南極。

・赤經：由春分點起，由地球往外看，每往東15度畫一時區，共24時區。

・赤緯：以天球赤道爲原點，往北、南各分90度。北爲正，南爲負。

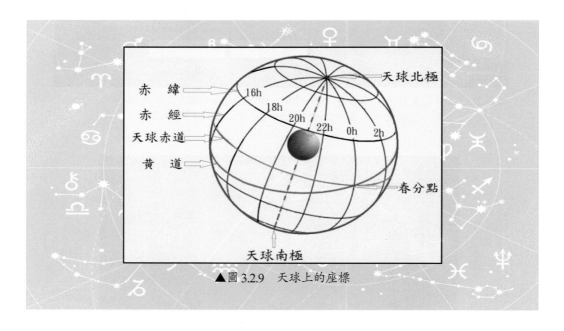

▲圖3.2.9　天球上的座標

問題四：世上各地都可以看到那天的「雙星伴月、一抹微笑」嗎？

解答：用Stellarium來解題，要先分析問題，才能去尋求答案。

情境

　　已知：臺灣 2008.12.1. 傍晚在落日上方，見木、金伴月，狀似一抹微笑。

　　限制：時間、地點、星體、由地球看到的「星體間之排列方位和仰角」。

問題之推論

　　當時木、金、月三個星體幾乎運行到天球上相同的經緯度上，湊巧在空中形成如此醒目的趣味構圖。由常識推斷，經度不同，看到它們的時間先後不同；緯度不同，看到它們的排列形式可能不同。

設計驗證與解釋

　　(1) 緯度相同、經度不同：即北回歸線上之各個地點。

　　　・依地球自轉方向，找緯度和臺灣相同、經度不同的地點，使用 Stellarium 查看各地在 2008 年 12 月 1 日傍晚，「落日上方的木、金、月三個星體」。

　　　・找出各地之雙星伴月的畫面後，研究、討論它們的排序問題，結果如下（見圖 3.2.10）：

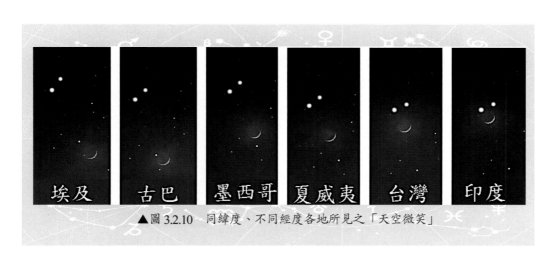

▲圖 3.2.10　同緯度、不同經度各地所見之「天空微笑」

埃及　古巴　墨西哥　夏威夷　台灣　印度

・上圖觀測雙星伴月的時間，Stellarium 是「以臺灣時間標示各地觀察時間」：

埃及	古巴	墨西哥	夏威夷	臺灣	印度
00：00	03：00	09：00	13：00	19：00	22：00

科學解釋：

「雙星伴月、一抹微笑」，是三度空間、再加時間同時變化的現象！在分析時，需用地球儀來協助，以模擬實驗來進行探索。操作時還需思考 12 月 1 日是多天，大約再過二十天就是冬至，所以太陽、太陽東側一點的雙星伴月、地球儀，三者之相對位置該如何放置？

如圖 3.2.11，以燈光模擬陽光，可以見到此地球儀地軸北端遠離太陽、地軸南端靠近太陽，以致南半球受光面積較大，符合冬至時地球的位置。圖中地球儀北回歸線（白色）上的立竿，是某個雙星伴月的觀測地點，此立竿需繼續向東轉，轉到黃昏的位置，即地球儀上呈現明暗分界之處，才是當地的黃昏。

　　地球自轉方向固定，由 Stellarium 設計的「以臺灣時間標示各地觀察時間」，可判斷與演示各地看到的雙星伴月，其先後順序如上表。

　　2008 年 12 月 1 日傍晚，在北回歸線上的各地，落日上方都能看到木、金伴月，但是木、金、月三星的距離略有不同。由埃及、墨西哥、夏威夷、臺灣、印度，依序看雙星伴月的畫面（圖 3.2.10），有人說它們「笑臉」的長短，像是「狒狒變猩猩、變成人臉、再變娃娃臉」呢！

▲圖 3.2.11　展示的冬季地球儀

這是因為由 00：00 到 22：00 的時間將近一天，木星和金星在空中的位置看起來變化不大，只是月亮在空中慢慢移向木、金二星，而月亮之亮緣向著西落的太陽，由此判定月球明顯地逐漸東移，「笑臉」才會依序變短。

(2) 經度相同、緯度不同：即東經 120 度附近之各地

由臺灣的東經 120 度開始向北、向南，找經度相同、緯度不同的地點，查出各地在 2008 年 12 月 1 日傍晚「落日上方的木、金、月」三個星體，（見圖 3.2.12）：

中國東北　　台灣 北回歸線　　印尼.赤道　　澳洲 南回歸線

▲圖 3.2.12　同經度、不同緯度各地所見之「天空微笑」

解釋（有下列幾個重點）：

・東經 120° 的北緯 65～90° 之間，不可能同時看到在天球赤緯負 21° 到負 24° 的木星、金星、月亮三個星體，所以最北由中國東北（N54°）找起就好。

・同一經度，由北向南，天上的笑臉方向不同，由向右傾，漸漸轉為向左傾！

・當天是初四、眉形新月，南、北半球看到的眉形月傾斜方向不同。

・農曆初四的眉形新月，由北半球看或由南半球看，月之亮緣方向不同，北半球看、眉形新月亮右側；南半球看、眉形新月亮左側！

發展

　　在臺灣，次日（2008.12.2.）傍晚再看，月亮跑到這兩顆行星的上方，若拍下照片倒過來看，就像一個哭臉了（見圖 3.2.13）。

　　無論如何，這是一次讓大家都喜歡的天文奇景。事後，還在繼續討論呢！

　　一天之差笑臉變為哭臉，其他各地又如何呢？找些有特色的來看看（見圖 3.2.14）！南美智利（Chile）前一天「笑臉」向左、後一天「哭臉」向右。而非洲薩

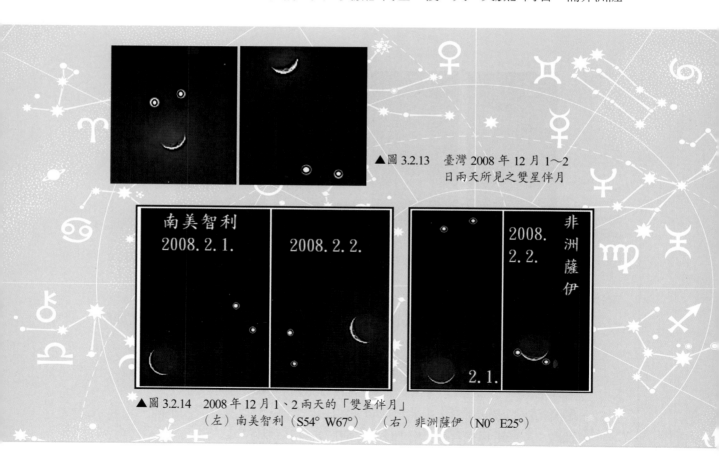

▲圖 3.2.13　臺灣 2008 年 12 月 1〜2 日兩天所見之雙星伴月

▲圖 3.2.14　2008 年 12 月 1、2 兩天的「雙星伴月」
　　　　　　（左）南美智利（S54° W67°）　（右）非洲薩伊（N0° E25°）

伊（Zaire），前一天「笑臉」很長，後一天月亮移到木星和金星的中央，像是嘴角兩邊的酒窩，好可愛！

　　以上的現象，可以用天球儀再去探究，比較容易思考立體空間和時間兩種變因同時變化的問題。有興趣的朋友不妨試試看！例如：

1. 先在 Stellarium 天文軟體上查看當天雙星伴月的背景星座，它們在人馬座南斗六星上方、黃道之南，再將雙星伴月畫在天球儀上（見圖 3.2.15）。
2. 調整天球儀為北回歸線地區合用者，並將天球儀黃道上 12 月 1 日之視太陽標示出來，以便再調整「地球上當天觀測地點傍晚之相對位置」。
3. 依前文內容依序轉動天球儀中央之地軸，查看埃及、古巴、墨西哥、夏威夷、臺灣、印度各地在傍晚時，看到天球儀上雙星伴月的下列各項資料：

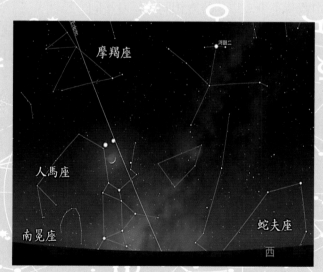

▲圖 3.2.15　由 Stellarium 查看，2008 年 12 月 1 日雙星伴月在人馬座上

(1) 由觀測點是否可以看到天球儀上之雙星伴月？

(2) 當觀測點傍晚看到「天球儀上雙星伴月」時，臺灣是什麼時刻？和 Stellarium 天文軟體的數據是否相符。

小結

本節嘗試以類似實驗手冊的寫法來呈現，希望能協助初學者，熟悉天文軟體的操作技巧。多加練習必可得心應手，俾能由單純的資料檢索，逐步進階到專題研究，並完整記錄。

應用天文軟體探索時空問題，其探究主題需賴各人自行設計，比方新聞中的天文時事，就是最好的發想題材。像其他的科學探究一樣，要經歷探索、解釋、交流和價值反思等探究過程。

前文「木金伴月、一抹微笑」之中的探索過程已如前述，由驗證結果到解釋的部分，在工作中費時不少。以「緯度相同、經度不同」為例：

起初設想不周時，由臺灣開始，依地球自轉之順序，陸續找出印度、埃及、古巴、墨西哥、夏威夷，各地看到的木金伴月之「臉形」，竟然由長變短、再突然變得很長、之後又再漸漸變短……，觀察到的變化毫無道理可循，令人無法歸納解釋。幾經分析檢討之後，佐以天球儀作具象操作，標示天球上太陽、木、金、月之位置，並分別演示天球儀中央臺灣、印度、……各地黃昏之時，這些星體的相對位置，才赫然發現，就算設定某國為觀測地了，Stellarium 的設計，仍「以臺灣時間標示各地觀察時間」！如此一來，這個主題就需由埃及看起，木金伴月的「臉形」才會由長漸短，可以和地球自轉、月相成因、每天月球在空中位置變化，以及當時季節等相關概念結合，作出符合科學邏輯的解釋。

在新竹教育大學數理研究所的科學教學模式課程中、以及桃、竹、苗國中小教師研習課程中，曾加入這個主題，得到和大家交流溝通的機會。反思這些內容，更能體會探究過程中監控、調整、和控制的學習，需不斷地歷練，並與生活經驗相結合。

第四章　古代中國的星空概覽

中西文化對宇宙的見解各異，因此編製出來的星座和星圖自然不會一樣。然而時至近代，大家熟悉的竟是由希臘神話發展出來的西洋星座，對中國星象反而陌生。本書特以「疊圖替代投影」的方式，將古中國星象解碼，與西方星座比對。

　　中國古天文學說將全天星空分爲三垣、四象、二十八宿（司馬遷著《史記·天官書》）；將人間以宮廷爲中心的各種組織投射到天上（見圖 4.0.1），再把所觀察到的各種現象，記錄、統計，作出主觀的解釋（見圖 4.0.2）。

　　中國古星圖的正確性，竟然能和今日國際通用的星圖相互檢核，更顯示了中國古天文在觀察和記錄方面對世界天文學所作的偉大貢獻。更因爲中國文化「敬天」的傳統和易經的哲學基礎，認爲上天會以星象的變易，預示人間的禍福，這樣獨特的天文思想，體現了古代中國探索宇宙的文化背景。

▲圖 4.0.1　北京古觀象台展示的四象天文圖

▲圖4.0.2　北京古觀象台展示廳中，整面牆上展示的「中國古代天文圖」，簡述了「太極、天體、地體、北極、南極、赤道、日、月、黃道、白道、經星、緯星、天漢、二十四節氣、十二次、十二分野」等，全面涵蓋了宋代中國人的天文知識。

159

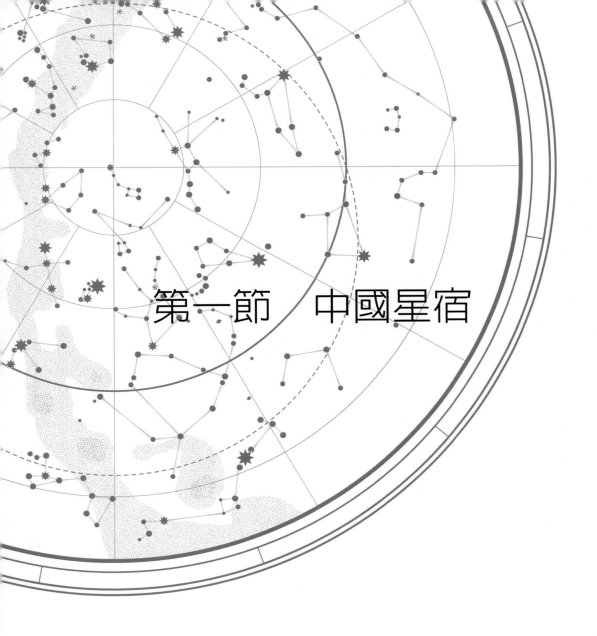

第一節　中國星宿

當我們開始學著用星座盤來認識星座時，會有許多困惑，其中之一是「名稱」問題，「星座」用國際通用的西洋星座名稱，而「星點」則用中國傳統的名稱，這是根據中國天文學會（成立於1922年）天文名詞編輯委員會制訂的原則。

　　直接讀取這些中國傳統的星點名稱，會略感彆扭，它們來自中國古天文的星象知識，尋找這方面的資料，發現它是一個不太容易進入的領域。

　　前幾年在蘇州旅遊時買到了一條大絲巾作紀念，上面轉印了北宋元豐（公元1078～1085年）年間的「蘇州石刻天文圖」。猛然一看，它很像星座盤裡的大圓盤再放大十數倍，所有的星點、文字都看得清清楚楚。用星座盤和它核對，只找出了北斗、天球赤道和黃道，但是它上面所畫的三垣、二十八宿、分野等，都是我們還不熟悉的內容。

　　為了進一步研究這些古代天文資料，必須檢索電腦軟體繪製的宋代古天文圖，此圖將各星點依目視星等呈現，再用影印機將「現代星座大圓盤」和透明的「中國古星圖」做成一組可以上下疊加的「中西星宿與星座對照圖」，只要依圖由亮星找起，很快地可以找出諸如：獅子座軒轅星、天蠍座的蠍尾、獵戶座的參星，夏季大三角、冬季六角形等現代通行的星象，循此對比模式再用拼圖的手法，將其餘的部分一一解開。於是古文中的三垣、二十八宿等，是現代人認知的哪些星星就都豁然開朗了，它們還真是對「同一星空，各自表述」呢（見圖4.1.1）！

北斗

三台

文昌

大熊座

◀ 圖 4.1.1　同一星空，中西各自表述的實例：
（左）中國─北斗、文昌、三台
（右）西洋─大熊座

三垣

中文裡的「垣」字，是土築的厚牆，三垣的東、西各自都有群星環列如牆。

三垣即：「紫微垣」象徵天帝居住的宮殿；「太微垣」象徵皇室的各行政機構；「天市垣」則象徵貿易市集，此三垣呈三角位置排列。

在三垣的外圍，四個方位的四象各有七宿，即：東方青龍、北方玄武、西方白虎、南方朱雀（見圖4.1.2）。

（一）紫微垣

紫微垣是天帝居住的地方，以北極為中心。《乾象通鑑‧後篇》：「天帝內朝寢位、朝夕臨御之所」，其中勾陳一就是現在的北極星（見圖4.1.3）。

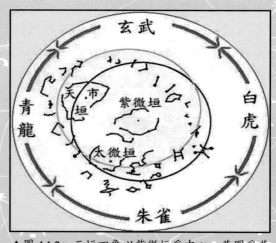

▲圖4.1.2　三垣四象以紫微垣為中心，黃圈為黃道，黑圈為天球赤道。

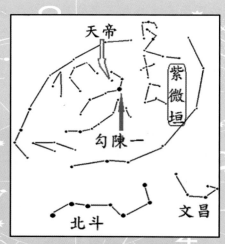

▲圖4.1.3　勾陳一就是北極星

紫微垣的範圍大致相當於今日國際天文界通用的小熊、大熊、天龍、獵犬、牧夫、武仙、仙王、仙后、英仙、鹿豹等星座。

　　地軸指向天球北極，由於地球的自轉，每天天北極附近的星星看似都圍著北極星東升西落，而北極星卻似始終留在原位，「譬如北辰，眾星拱之」。

　　紫微垣的南門之外有北斗七星，它是天帝出巡時的帝車。北斗星由天樞、天璇、天璣、天權、玉衡、開陽、搖光等七星組成，運轉於北極星周圍。其中，天樞至天權四星為魁（斗口），玉衡至搖光為柄。

　　北極星和北斗七星（除天權之外）都是 2 等星，斗形大而明顯，隨四季運行四方十分規律，且斗柄有指向性、格外引人注目，所以成為我國古天象觀星最重要的指標。《史記‧天官書》：「北斗七星，所謂璿璣玉衡，以齊七政。杓攜龍角，衡殷南斗，魁枕參首。」北斗猶如「帝車」，「運行中央，臨制四鄉，分陰陽、建四時、均五行、移節度、定諸紀、皆系於斗。」（見圖 4.1.4）。

　　北斗七星也用於夜間計時，每轉 30 度即為一個時辰，它十二個時辰轉完一圈。

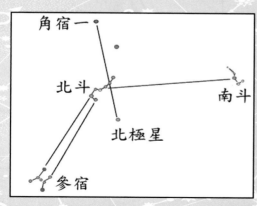

▲圖 4.1.4　左：用北斗尋星：杓攜龍角，衡殷南斗，魁枕參首。
　　　　　　右：漢武梁祠畫象的石斗帝車。

（二）太微垣

太微垣在北斗之南，太微即政府之意，象徵行政機構，以五帝座為中樞（見圖4.1.5）。

《乾象通鑑‧後篇》：「天帝外朝之位，為明堂，日一臨之。」《晉書‧天文志》說：太微是天子的宮庭、天帝的御座、諸候的府第，外側藩屏即為九卿。天帝由中央的五帝座一開始，依季節移駕到五處不同的廳舍辦理政務。

太微垣的範圍約包括西洋星座的室女、后髮等，以及獅子座的一部分。

五行家為建構其理論基礎，在四象之外加一個「黃龍象」，主張白虎屬金、蒼龍屬木、玄武屬水、朱雀屬火，需加軒轅屬土，才能讓五行齊全、生剋運行不斷。

軒轅原本屬於南宮朱雀，而軒轅十七星的排列外形很像飛龍在天，象徵著華夏共祖黃帝的神靈（見圖4.1.6）。

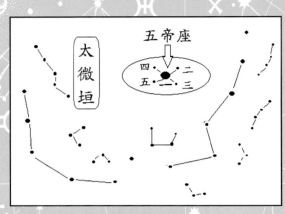

▲圖4.1.5　太微垣中的五個帝座

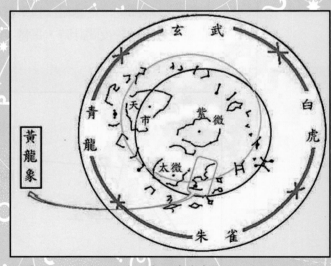

▲圖4.1.6　三垣、二十八宿之外的黃龍

軒轅十七星之中，幾乎有一半是西洋星座獅子座的前半身，獅子胸前的一等亮星是軒轅十四；而五帝座一則是獅子座的尾部之星（見圖 4.1.7）。

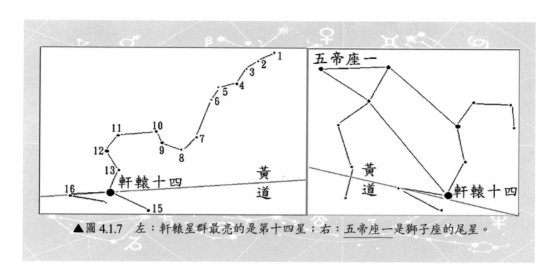

▲圖 4.1.7　左：軒轅星群最亮的是第十四星；右：五帝座一是獅子座的尾星。

（三）天市垣

天市垣象徵繁華街市，也是平民百姓生活的地方。以帝座為中心（見圖 4.1.8）。

《乾象通鑑・後篇》：「天帝市朝之位，歲一臨之。」《晉書・天文志》：「天子率諸侯幸都市也。」星名多為貨物、器具等，但二側屏藩之星，則用各方諸候的國名。

天市垣包括今日西洋星座蛇夫、武仙、巨蛇、天鷹等星座的一部分，在天蠍座的東北。

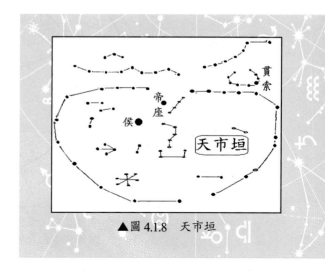

▲圖 4.1.8　天市垣

四象與二十八宿

（一）二十八宿在天球上的位置

在三垣外圈，四個方位的星座分為四象，每象各有七個星宿，共二十八宿，分佈在黃道與天球赤道之間，形成一圈。「廿八宿」一詞，首先出現在《周禮》，到了《史記·律書》才算完備。

西洋的生日星座也分布在黃道上，生日星座和二十八宿有什麼關聯？用南天星象大圓盤將黃道上的十二個生日星座用綠色的線條畫出來，再將二十八宿的位置用橘色線條畫出來，比比看：生日星座和二十八宿幾乎有一半是重疊的。中、西制定這些星座和星宿時，雙方時空背景不同，怎麼會都將黃道或天球赤道附近的星星找出來，組成小的星群，圍成一圈呢（見圖 4.1.9）？

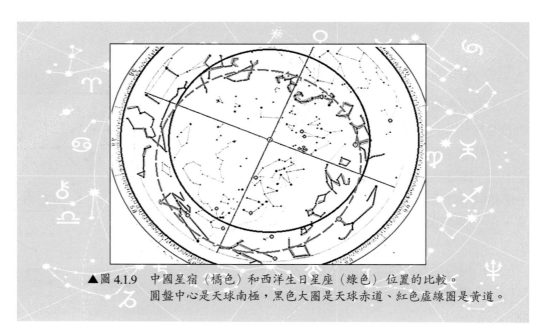

▲圖 4.1.9　中國星宿（橘色）和西洋生日星座（綠色）位置的比較。
圓盤中心是天球南極，黑色大圈是天球赤道、紅色虛線圈是黃道。

166

我們只能看出日、月、星辰的方位和仰角，看不出它們和我們的距離。由於地球的繞日公轉，以致一年之中，我們察覺到太陽看起來會慢慢地在十二個背景星座之間運行，因相對運動產生的太陽視運動軌跡線，稱為黃道。

　　月球繞地球運行，27.3 天繞行一周，它的運行路徑稱之為白道，和黃道約有 5 度的夾角。我們也看到當月球運行時，每天的星空背景都不同，中國古代將白道圈分為 28 段，則月球大約每天可入宿到 28 段之中的一個星宿上（見圖 4.1.10）。

　　國曆每個月太陽的背景星座在 12 個生日星座上依序更換；而依農曆，每天月亮似乎也依序在 28 個星宿上順序運行。所以中、西的二十八宿和十二個生日星座就都在黃道和天球赤道的兩個圓圈附近了！

　　對地球人類而言，太陽和月亮是天空中最重要的兩個星體，先民們對日月用情之深，以豐富的幻想力賦予它們人格化的形象。於是太陽神每個月要移住到不同

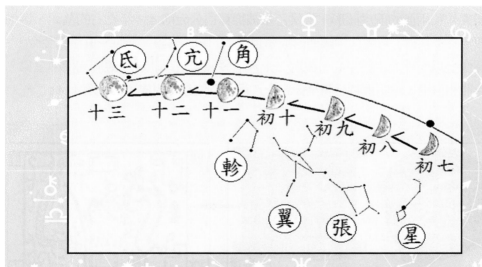

▲圖 4.1.10　2013.6.14（農曆五月初七）到 6.20（農曆五月十三）20：00 之月亮，每天入宿到一個新的星宿附近。例：初七之月在星宿、初八月在張宿……

的宮殿，月神更是不在話下，每天都要換一個不同的行館住宿。東、西方對宇宙的見解難免不同，但是「想像力始終於人性」，在學習天文的過程中，我們一路上發現諸般巧合，令人莞爾，卻也發人省思，如果用充滿感情的目光，來看待滿天的星辰，我們的收穫又何止是知識上的增長而已？

可以用天文的軟體（Stellarium）來查看「每天月亮是否依序在 28 個背景星宿上運行」，或是直接去戶外觀察這樣的情形。

（二）二十八宿的設計時間

二十八宿在曆法上是朔望月和四季的象徵，在占星方面則表現神秘的色彩。

例一、曾侯乙墓中的漆箱

1978 年在湖北省隨縣擂鼓墩發掘了戰國早期曾侯乙墓，墓中漆箱蓋（長 82.8 公分、寬 47 公分、高 9.8 公分），墓中漆箱蓋的蓋面有北斗圖形、四周的二十八宿名稱（篆文）和兩側的龍虎圖形。曾侯乙墓被推算為公元前 433 年左右的墓葬，這就是「四象二十八宿」自古代中國便形成學說體系的知名事證，並且一直沿用至今。

圖像上以「斗」字為中心，說明二十八宿發源地是以北斗為觀測的標準星象。又有青龍和白虎，說明那時已將全天二十八宿依方位分為四象了（見圖 4.1.11）。

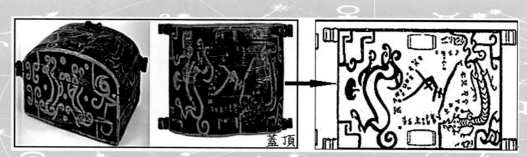

▲圖 4.1.11　曾侯乙墓中的漆箱，頂蓋有北斗、二十八宿和龍虎的圖像。

例二、濮陽墓穴

　　1987 年夏天，河南省濮
陽市，發現一處史前遺址，
屬於仰韶文化的聚落。

　　其中一座土坑墓，在
墓主骨架兩旁，用蚌殼排列
成「東方龍和西方虎」的圖
象，可能是希望死後靠龍虎
保護，經同位素碳十四測
定，表明中國早期星象在
6000 年前已形成體系（見圖
4.1.12）。

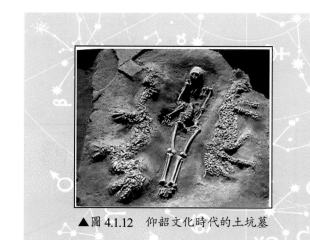

▲圖 4.1.12　仰韶文化時代的土坑墓

（三）四象之方位與圖騰

1.四象之方位

　　二十八宿分屬四區，每區七個星宿，它們可對應地面的東、西、南、北方位，
並以各方位居民崇拜的圖騰為代表，予以命名，稱為四象。

　　《十三經注疏》稱：「《禮記·曲禮》中有前朱雀而後玄武，左青龍而右白虎
者，明軍象天文而作陣法也。前南後北，左東右西，朱雀、玄武、青龍、白虎，四
方宿名也。鄭注：畫此四獸於旌旗，以標左右前後之軍陣也。」「玄武龜也，龜有
甲，能禦侮用也。何胤曰：如鳥之翔，如龜蛇之毒，龍騰虎奮，無能敵此四物。」

下圖左上有「常見之四象圖」，畫的是我們抬頭看到的天空，所以需將此圖的中心，放在頭頂、畫面朝下，並且面對南方觀看，就會看到「前朱雀而後玄武，左青龍而右白虎」了（見圖4.1.13）。

▲圖4.1.13　四象的方位圖「前朱雀而後玄武，左青龍而右白虎」。

2.四象之圖騰

西安西漢建築遺址出土的四塊屋檐瓦當，直徑約20公分，塑造的圖形就是青龍、白虎、朱雀、玄武。

陳遵嬀《中國天文學史・星象編》：四神瓦當，塑造昂首修尾的蒼龍、銜珠傲立的朱雀、張牙舞爪的白虎和蛇龜相纏的玄武，都是布局勻稱、造型生動、線條簡潔，富有裝飾趣味的古代藝術精品（見圖4.1.14）。

▲圖 4.1.14　四神瓦當

（四）四象二十八宿的內容及其與西方星座之對應

　　二十八宿分屬四象，佔據星空中的四個方位，圍在三垣的外圈，而每天月亮隨時間變化，看起來會依序入宿至四象的二十八宿上。

　　我們就依月亮入宿的順序來認識二十八宿的名稱、位置及星宿的圖形，此入宿的順序也是每天星宿由地平東升西落的順序。

1. 東方青龍

　　東方青龍七宿，由角、亢、氐、房、心、尾、箕組成，有龍之形態，加上七宿南北的附屬星星總計 46 個星宿，300 多顆星星（見圖 4.1.15）。

▲圖 4.1.15　東方青龍的七宿

・角宿二星，是龍的龍角。其中角宿一是一顆一等亮星，在室女座。

・亢宿四星，是龍的脖子。在室女座。亢 是肮的假借字，即脖子之意。

・氐宿四星，是龍的胸部。在天秤座。氐 為骶的假借字，即主體骨架之意。

・房宿四星，是龍的腹部。在天蠍座的頭部。因龍為天馬，故房宿又名天駟。

・心宿三星，是龍的心臟。在天蠍座的胸部。其中最亮的一等星叫心宿二，又
　名大火或商星。

・尾宿九星，和箕宿合為青龍之尾。在天蠍座的尾部。

・箕宿四星，在人馬座的弓箭上。箕宿之名源於箕叔，為商朝遺臣之後，遷居
　東北、朝鮮。

青龍七宿和西洋星座的相對位置見圖 4.1.16。

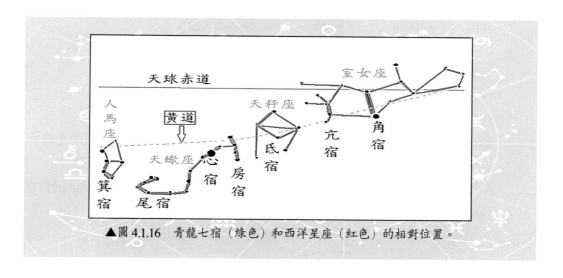

▲圖 4.1.16 青龍七宿（綠色）和西洋星座（紅色）的相對位置。

2. 北方玄武

北方玄武的七宿由斗、牛、女、虛、危、室、壁組成，蛇纏龜身，龜體西首東尾。南北附近的星宿共 56 個，約有 800 多顆星星（見圖 4.1.17）。

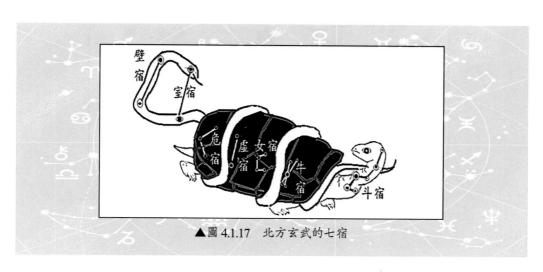

▲圖 4.1.17　北方玄武的七宿

- 斗宿六星，排列似北斗星，構成玄武元龜之頭，屬人馬座。
- 牛宿六星，形如牽牛鼻之繩，屬摩羯座。
- 女宿四星，形如箕，屬寶瓶座。
- 虛宿二星，屬寶瓶座和小馬座。虛可能是頊之假借字，即遠古北帝 顓頊（ㄓㄨㄢ ㄒㄩˋ）
  作爲星宿名。
- 危宿三星，屬寶瓶座和飛馬座。危字源自危族，以龜爲圖騰，居山東中北部。
- 室宿二星，屬飛馬座，是秋季四邊形西側的兩星。指營造宮室之時節。
- 壁宿二星，屬飛馬座和仙女座之頭。是秋季四邊形東側的兩星。壁宿由營室
  延伸，指東之牆。《爾雅》：室壁二宿，四方似口。

玄武七宿和西洋星座的相對位置見圖 4.1.18。

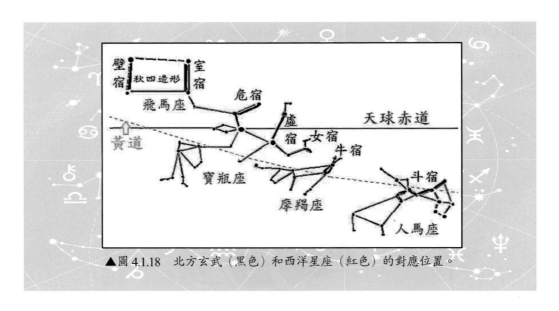

▲圖 4.1.18　北方玄武（黑色）和西洋星座（紅色）的對應位置。

174

3.西方白虎

　　西方白虎七宿由奎、婁、胃、昴、畢、觜、參組成，形似猛虎，南首北尾。包括 54 個星宿，700 多顆星星，組成白虎形狀（見圖 4.1.19）。

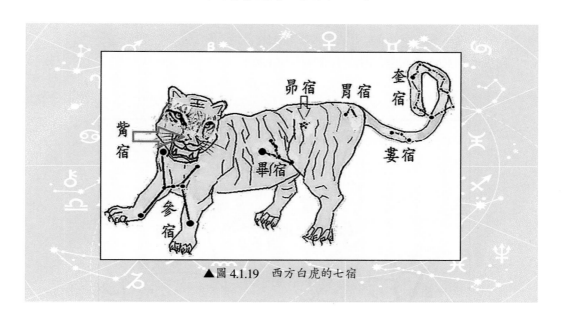

▲圖 4.1.19　西方白虎的七宿

- ・奎宿十六星，是虎尾。分屬仙女座和雙魚座。奎宿之名源自西羌 "邦" 人，占星家認爲它是一個兵營。
- ・婁宿三星，屬白羊座之頭部。婁字源自西羌之後的婁人。婁爲收集物品之庫房。
- ・胃宿三星，屬白羊座之尾部。《天官書》「胃者天庫」。天之倉庫屯積糧食之地。
- ・昴宿六星，屬金牛座，又名七姐妹。是散狀星團，昴字源自西南少數民族髳人。髳人是胡人之一，胡人以昴星爲族星。

・畢宿八星，屬金牛座，其中畢宿五爲一等星。畢字源自魏王畢氏，魏都大梁城。

・觜宿三星，屬獵戶座。是獵戶之頭部。

・參宿七星，屬獵戶座。是獵戶雙肩，腰帶及雙腿。

白虎七宿和西洋星座的相對位置見圖 4.1.20。

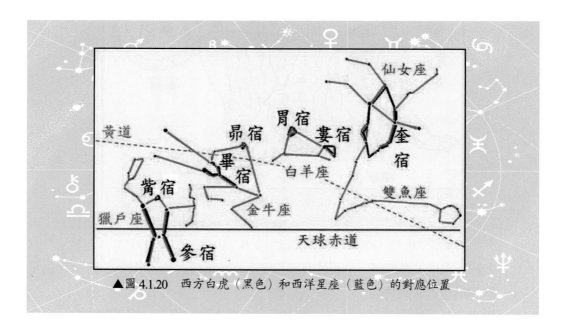

▲圖 4.1.20　西方白虎（黑色）和西洋星座（藍色）的對應位置

4. 南方朱雀

南朱雀七宿，由井、鬼、柳、星、張、翼、軫組成，形如鳳凰，西首東尾加上七宿南北的星宿共有 42 星宿，500 多顆星星（見圖 4.1.21）。

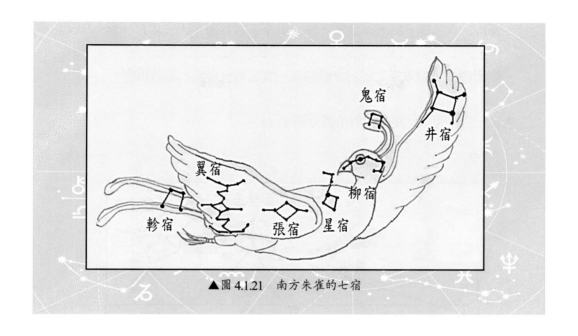

▲圖 4.1.21 南方朱雀的七宿

- 井宿八星，組成一個「井」字，稱爲天井，是雙子座的下半身。《中原古國源流史》指出助周滅商紂的姜太公建井國，是秦的祖先，井人伯益，發明造井。
- 鬼宿四星，似朱雀之頭羽，屬巨蟹座，鬼字源自鬼方民族，爲秦雍之地。
- 柳宿八星，似垂柳狀，爲朱雀之喙，是長蛇座之蛇頭。柳爲六的同音字，皋陶之後建六國，柳宿爲六國在天上對應之星宿。
- 星宿七星，故又名七星，近朱雀之咽頸或心，是長蛇座的蛇頸。
- 張宿六星，爲朱雀之嗉囊，是長蛇座的胸部。張宿之名源於張姓之人及其居地，其祖發明製弓之術，周襄王廿二年齊師逐鄭太子，奔張城。

- 翼宿二十二星，為朱雀之翼，屬巨爵座。《晉書·天文志》「翼……天之樂府……」。
- 軫宿四星，似朱雀之尾羽，軫似車，故又名天車星，是烏鴉座。

朱雀七宿和西洋星座的相對位置見圖4.1.22。

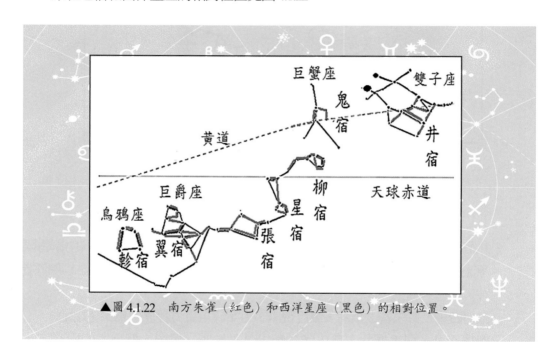

▲圖 4.1.22　南方朱雀（紅色）和西洋星座（黑色）的相對位置。

　　西方星圖有 88 個星座；而中國古天文圖，則有 283 個星官。為了幫助記憶，古時出現了《丹元子步天歌》，簡稱《步天歌》。它描繪了三國時代的 283 個星官、1464 顆恆星，按照紫微垣、太微垣和天市垣以及二十八宿把全天劃分成 31 大區，七字一句，簡潔有韻，讀起來琅琅上口。有興趣的話，大家可以再去研究。

二十八宿之外的天上戰場

　　中國古代的帝王自詡受命於天，認為天象變化與自己的帝位息息相關。以致星空中的星象，是天帝坐鎮中央、三垣、二十八宿環繞四周，還有最外圍的天上戰場。中國星象真是累積了哲學、歷史和文化，形成一個獨特的體系。

　　在二十八宿之外，有三個天上的戰場：

　　‧北方戰場在玄武七宿外側

　　‧西北戰場在白虎七宿附近

　　‧南方戰場在朱雀、青龍外側（見圖4.1.23）。

　　為因應天上皇家的需求，在西方白虎中有婁宿、胃宿這兩個倉庫之外，附近還設置了天帝皇家的農場—皇家園苑，由二等星土司空總管。

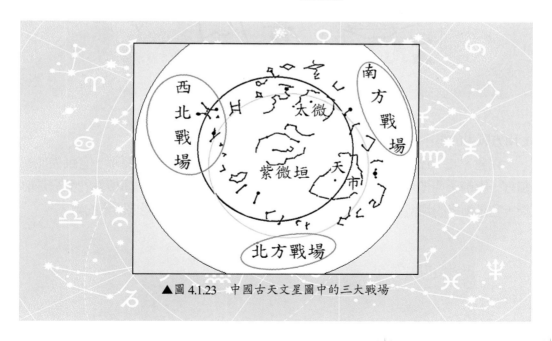

▲圖4.1.23　中國古天文星圖中的三大戰場

其中天倉和天囷貯存穀物糧食、天苑則苑牧牲畜、天園是皇家的果園和菜園，這個皇家園苑也能供應鄰近戰場的各種軍需（見圖4.1.24）。

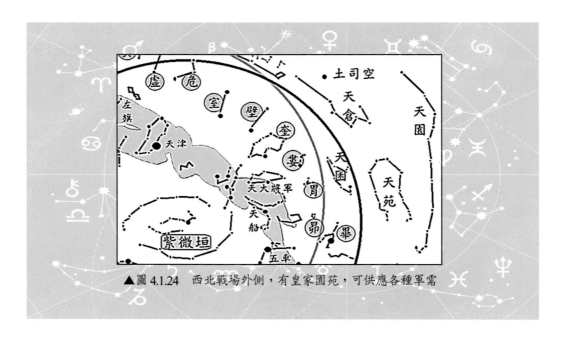

▲圖 4.1.24　西北戰場外側，有皇家園苑，可供應各種軍需

1. 南方戰場的星座（見圖4.1.25）

在角、亢、氐三宿之南有南方戰場。戰場的最高統帥是騎陣將軍，有輔佐他的騎官、車騎，庫樓可駐紮官兵、存放兵車，庫樓最南方有南門，庫樓外的軫宿是前鋒，它是衝鋒的輕型軍車，而青丘是南蠻的國號，正是南方戰場要防禦的敵人。

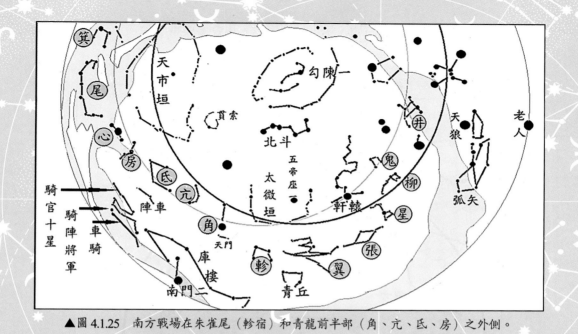

▲圖 4.1.25　南方戰場在朱雀尾（軫宿）和青龍前半部（角、亢、氐、房）之外側。

2. 北方戰場的星座（見圖 4.1.26）

此戰場位於北方玄武之外側，有一條長形的壘壁陣，陣外有護衛天帝的羽林軍，並有天帝在駐軍處的帳幔─天網，和北方軍營的大門─北落師門。羽林軍共有45 顆星，三星一組，成為騎兵戰鬥隊形隨時待命。北方戰場的敵人是匈奴，和狗國。

銀河中還有河鼓和左、右旗，是軍鼓與軍旗，也會參與戰事。

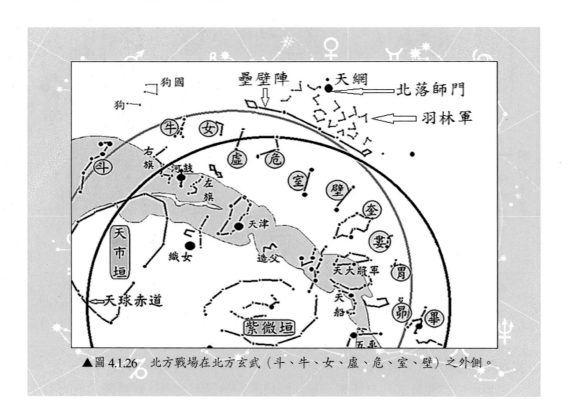

▲圖 4.1.26　北方戰場在北方玄武（斗、牛、女、虛、危、室、壁）之外側。

3. 西北戰場（見圖 4.1.27）

此戰場位於西方白虎之內、外兩側，由天大將軍統領駐軍，奎宿有常駐的兵營，婁宿和胃宿是軍事物資的庫房，昴宿為胡狄之國，畢宿為華夏之國，昴、畢二宿以天街為界。在昴、畢的北方，有五車星，是衝鋒車，在參宿之外還有胡將天狼星。

所以西北戰場是防禦胡狄的。

蘇軾《江城子》詞：「會挽雕弓如滿月，西北望，射天狼。」
《晉書·天文志》：「狼一星，在東井南，為野將，主侵掠。」

必要時，天帝可由紫微垣派出大帥，由王良駕車，沿閣道直達奎宿，與天大將
軍會合出戰（見圖4.1.28）。

▲圖4.1.27　西北戰場在白虎（奎、婁、胃、
　　　　　　昴、畢、觜、參）之內、外側。

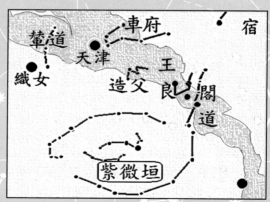

▲圖4.1.28　由紫微垣經閣道直趨戰場。

古代中國的星空概覽　183

天文地理的分野

　　爲了占星上的需求，在周漢之時，將中國的星象體系以「天文地理來分野」，《晉書・天文誌》稱之爲州郡躔次。認爲天上的星宿與地上的國家、地理位置有對應關係。分野是把星宿分屬各國，用來占卜這些國家的凶吉。

　　四象分佔四個方位，和 28 宿相對應的地理位置可各自標示國名或州縣名稱。戰國中期，測定歲星（木星）十二年一周天，因而分周天爲 12 次，以表示歲星每年的位置。後漢班固撰《漢書・律歷志》才用十二次來配 28 宿，以星紀星次之中心多至點（牛宿）爲歲首，時間約爲西元前 430 年。歲星紀年法是產生十二次的原由。十二次亦可表示五星的位置。之後，漢書也以十二次來記錄太陽的運行及廿四節氣。

四象、星次、星宿及分野對照表

四象	十二星次	二十八宿	分野
東方青龍	壽星星次	角宿、亢宿	鄭國（兗州）
	大火星次	氐宿、房宿、心宿	宋國（豫州）
	析木星次	尾宿、箕宿	燕國（幽州）
北方玄武	星紀星次	斗宿、牛宿	吳國（揚州）
	玄枵星次	女宿、虛宿、危宿	齊國（青州）
	娵訾星次	室宿、壁宿	衛國（并州）
西方白虎	降婁星次	奎宿、婁宿	魯國（徐州）
	大梁星次	胃宿、昴宿、畢宿	趙國（冀州）
	實沈星次	觜宿、參宿加伐星	晉國（益州）
南方朱雀	鶉首星次	井宿、鬼宿	秦國（雍州）
	鶉火星次	柳、星、張三宿	周國（三河）
	鶉尾星次	翼宿、軫宿	楚國（荊州）

古代中國，天文研究的機構由朝廷直接管轄，並由當時的天文學家包攬，他們認真地做觀察、做記錄、做研究、甚至設計天文儀器，促成了古代中國天文的創新與發展。

　　然而有些天文官將觀察後提出的議題，基於「天人相應」的想法，整理為所謂的「天文地理的分野」，他們竟然將天文科學的研究權，發展為自行擁有的天機解釋權！將天象變化與地上禍福加以關連，會帶著私人動機、穿鑿附會、為政治服務等塑造思維！有太多實例證明此種理論架構，經不起驗證，成為名符其實的偽科學（請參看本書第四章第二節　中國星宿的故事）。

　　但是天文的研究絕對是一門科學，也要經過逐步觀察、提問、推理、設計、驗證等探索過程，才能提出解釋，還需經過正式發表、與人交流，反思研究探索主題的價值。

中國星宿的天文功能

　　二十八宿體系形成過程中融合了兩種觀象授時系統，一種觀測初昏時南中天的恆星；另一種是觀測初昏東升的恆星。由二十八宿可推斷太陽、月亮的位置，繼而計算春、夏、秋、冬（見圖4.1.29）。

▲圖 4.1.29　　北京古觀象臺展示廳門上的匾額「觀象授時」

（一）由黃昏中天的星宿分四季

　　尚書這本中國最早的史書裡有堯典篇，說的是帝堯時代的事：原文記載「乃命羲和，欽若昊天，曆象日月星晨，敬授人時。」意思是「於是命羲氏與和氏，恭敬地順著天道，根據日月星辰的運行規律來制定曆法，然後敬謹地將這曆法向人們頒

行。」篇中有「日中，星鳥」之句，是指晝夜長短相等，朱雀七宿出現在天的正南方這些特點來確定仲春時節（錄自羅慶雲，戴紅賢譯註尚書）。應是觀象授時這四個字的出處吧。

帝堯時代黃昏之後，根據鳥、火、虛、昴四顆或四組恆星在天空中的位置，來判斷四季的更替，並指導民眾的生產和生活（見圖4.1.30）：

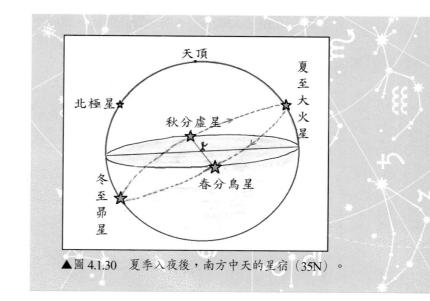

▲圖 4.1.30　夏季入夜後，南方中天的星宿（35N）。

《堯典》：

「日中星鳥　以殷仲春；　　　日永星火　以正仲夏；

　宵中星虛　以殷仲秋；　　　日短星昴　以正仲冬。」

《堯典》中四季更替的詞句，可作如下的解釋：

・春分時，日夜等長，名叫「鳥」的恆星，即柳、星、張三宿，正好中天。

・夏至時，白天最長，名叫「火」的恆星，即大火星（心宿二），正好中天。

・秋分時，日夜等長，名叫「虛」的恆星，正好中天。

・冬至時，白天最短，名叫「昴」的恆星，正好中天。

為了更明白堯典所載的這些內容，特將其中描述的星空描繪出來。查知當時（西元前 1860 年）春分點在婁宿（白羊座之頭部）、夏至點在軒轅（獅子座）、秋

分點在亢宿（天蠍座）、冬至點在虛宿（寶瓶座），這些是四季代表日視太陽的背景星座。若以臺灣的星圖來查看，南天地平線要上升10度，因為古時中原地區緯度約35度N。

當時中原各季代表日「日落後的星空」，可以下列各圖來表示。請看各圖之中，各季「視太陽」在哪個星宿附近？當時中天的是哪個星宿（見圖4.1.31、4.1.32、4.1.33、4.1.34）？

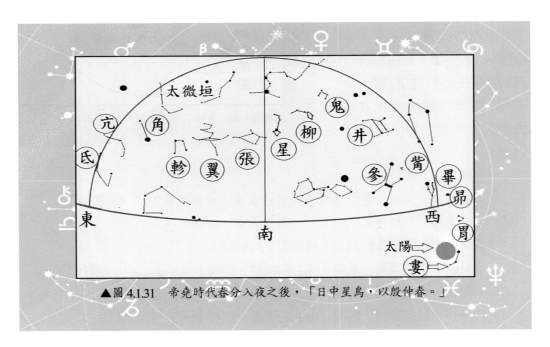

▲圖4.1.31　帝堯時代春分入夜之後，「日中星鳥，以殷仲春。」

▲圖 4.1.32　帝堯時代夏至入夜之後，「日永星火，以正仲夏。」

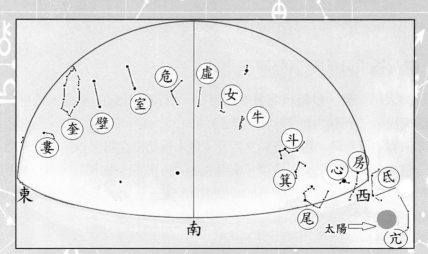

▲圖 4.1.33　帝堯時代秋分入夜之後，「宵中星虛，以殷仲秋。」

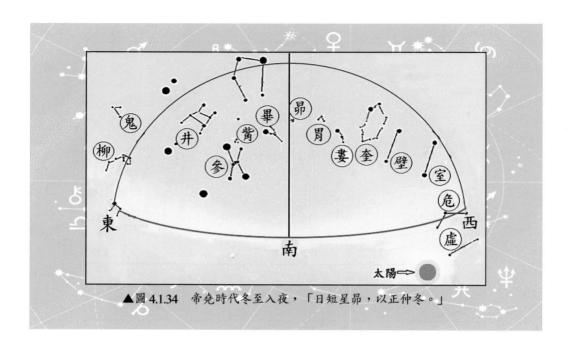
▲圖 4.1.34　帝堯時代冬至入夜，「日短星昴，以正仲冬。」

（二）由黃昏東升的星宿分四季

地球繞太陽公轉，星象也隨著季節轉換。依黃昏升起的星宿，也可分四季。《日者觀天錄・二十四史中的天象與曆法》：

「冬末春初蒼龍現；春末夏初玄武升；夏末秋初白虎露；秋末冬初朱雀上。」

用今日臺灣版的星座盤來檢視（或用 Stellarium 軟體來檢視），可以看到這些現象。由於歲差的關係，四季代表日的時間需加修正，同時用臺灣版星座盤的南天星象查看時，因緯度不同，須再加入地平位置之修正。

1. 冬末春初，蒼龍現

春分傍晚角宿一東升，角宿是東方蒼龍之龍角首（見圖 4.1.35）。

190

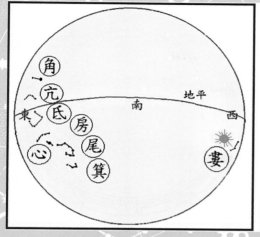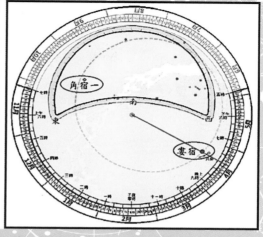

▲圖 4.1.35 （左）古代中原春分入夜之後，青龍第一宿角宿東升。
　　　　　　（右）星座盤以白羊座爲春分點，所見之角宿東升。

　　古時春分點（春分時之「視太陽」）在婁宿，即白羊座之頭部。用今日臺灣版星座盤的南天星象查看，因歲差的關係，需選 4 月 20 日 20：00 白羊座西落時之星空，才能相當於古時之春分日：中原（35 度 N）南天地平線要比臺灣者上升 10 度，如此操作，可見古代中原春分傍晚青龍第一宿角宿（在室女座）東升，稱龍抬頭。

2. 春末夏初，玄武升

　　夏至傍晚玄武東升，斗宿是北方玄武之首（見圖 4.1.35）。古代的夏至點在鬼宿，即今日的巨蟹座，用今日臺灣版的星座盤來檢視，因歲差的關係，需選 7 月 20 日 20：00 巨蟹座西落時之星空，才能相當於古時之夏至日：中原（35 度 N）南天地平線要比臺灣者上升 10 度。

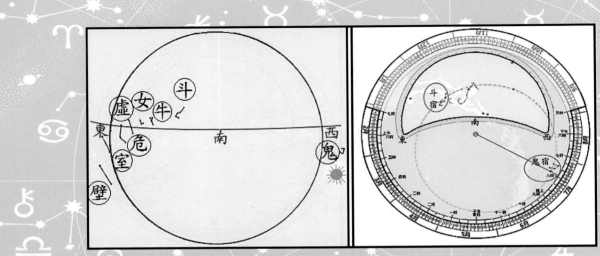

▲圖 4.1.36　　（左）古代中原夏至入夜之後，玄武第一宿斗宿東升。
　　　　　　　（右）星座盤以巨蟹座爲夏至點，所見之斗宿東升。

3. 夏末秋初，白虎露

秋分傍晚白虎東升，奎宿是西方白虎之首（見圖 4.1.37）。

古代的秋分點在角宿即今日的室女座，用今日臺灣版的星座盤來檢視，因歲差的關係，需選 10 月 20 日 20：00 角宿西落時之星空，才能相當於古時之秋分日；中原（35 度 N）南天地平線要比臺灣者上升 10 度。

4. 秋末冬初，朱雀上

冬至傍晚朱雀東升，井宿是南方朱雀之首（見圖 4.1.38）。古代的冬至點在牛宿，即今日的摩羯座，用今日臺灣版的星座盤來檢視，因歲差的關係，需選 1 月 20 日 20：00 牛宿西落時之星空，才能相當於古時之冬至日；中原（35 度 N）南天地平線要比臺灣者上升 10 度。

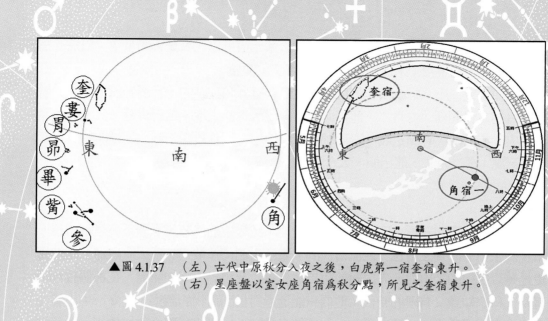

▲圖 4.1.37　（左）古代中原秋分入夜之後，白虎第一宿奎宿東升。
　　　　　　（右）星座盤以室女座角宿爲秋分點，所見之奎宿東升。

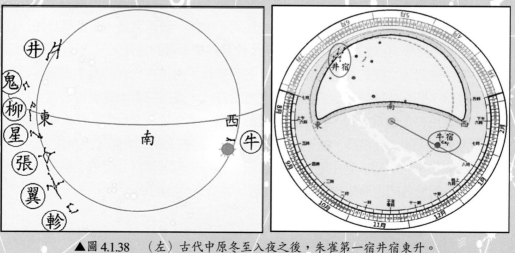

▲圖 4.1.38　（左）古代中原冬至入夜之後，朱雀第一宿井宿東升。
　　　　　　（右）星座盤以摩羯座爲冬至點，所見之井宿東升。

古代青龍七宿可以代表春天的星空；玄武七宿可以代表夏天的星空；白虎七宿可以代表秋天的星空；朱雀七宿可以代表冬天的星空。

　　依四象或二十八宿分四季，民間對它最有感覺和反應的，當屬春龍節了。農曆的二月初二民間稱「二月二，龍抬頭」，象徵著春回大地，萬物復甦。天上龍抬頭春到人間的同時，春風送暖、春雨綿綿、大地返青，春耕從南到北陸續開始。民間諺語又說：「二月二，龍抬頭，大倉滿，小倉流。」，把二月初二定為春龍節。

小結

　　由中國星宿的三垣、四象與二十八星宿，認識中國傳統天文體系與思維特色。用星圖來占卜問卦之事也一直流傳民間，表示人們仍然敬天，「天命難違」的神祕更是難以抗拒的吸引力。先民對於超自然力量以及世界主宰的認識，在那個教育不普及，科學知識又有限的時代，他們只能透過對世間萬物的觀察，逐漸衍生出諸如占星、命相或風水……等理論，看似傳統又神祕。一旦用科學方法去檢視，抽絲剝繭就能夠直觀驗證這些說法的真偽。這些民間「信仰」源遠流長，源頭是什麼？比對中西星圖是科學方法的探究；追溯傳統文化是科學本質的提升。

　　早期中國對天文學的先進，帶動了以明朝鄭和下西洋為代表的海上冒險，打通了海上絲路，間接的開啟了西歐諸國的大航海時代，進而探索全球。可惜從此故步自封，對實用科學嚴重忽視，甚至幾乎近於打壓，停止了天文科學的研究發展。今日我們重溫前人的心血結晶，能不能承先啟後，讓這艘文明的大船，重新揚帆。

　　「四象二十八星宿」是中國古代宇宙觀之獨特見解，值得我們潛心研究，等到熟練之後，對於各門古典學科的東、西比較，將會有莫大的助益。

第三節　古中國知名星星故事六則

大家對於希臘的星座故事，就算不能朗朗上口，也是耳熟能詳，奧林匹克山上的愛恨情仇，彷彿比明星八卦更加精彩。在中國稱星座爲星宿，孰不知中國歷朝歷代，也累積了非常豐富的星宿故事，怎能讓它隨著時光被淡忘了呢？

且看我們由「霍去病倒看北斗」說不同緯度看星空；由「參商不相見」說星空的範圍；由「牛郎織女」說星之距離；由「天關客星」說天象的觀測與記錄；由「淝水之戰」說星宿與占星；由「烽火戲諸侯」說古星圖上星宿的命名。

看著本書所附的插圖，讀著這些故事，會對星空的奧秘產生更多的興趣。開卷有益，故事也十分有趣，老祖宗的文化寶藏，將這麼代代傳續下去。

霍去病倒看北斗——不同緯度看星空

　　西漢年間（約西元前 120 年），北方匈奴南侵，在今河北的北部地區燒殺擄掠，漢武帝令衛青和霍去病領軍殺敵，兩位將軍率騎兵、步兵輜重隊數十萬人，深入漠北討伐匈奴，血戰多日，終於獲得全勝。並將匈奴殘兵趕到今日貝加爾湖北端，戰事結束，夜晚霍去病在貝加爾湖的湖邊散步，驚見北斗倒臥天頂，這和一向看到的北斗完全不同。「霍去病倒看北斗」的故事，也就自此傳開了（見圖 4.2.1）。

　　霍去病北征的數十年後，蘇武受命出使匈奴，十九年牧羊的「北海」邊，也就是貝加爾湖邊。參考 Stellarium 天文軟體，畫出霍去病倒看北斗的星圖，發現在北緯 55 度處，北斗位於天頂偏北，若是面向南方，仰頭看天，確實可以看到杓口朝上的北斗七星（見圖 4.2.2）。

　　順便再查查看，在北極、赤道、南回歸線等地，看到的北斗中天，又是什麼模樣？在南半球，還看得到北斗嗎（見圖 4.2.3～6）？

　　同一個星宿或星座中天，觀察者所在的緯度不同，看到的仰角和方向不同。

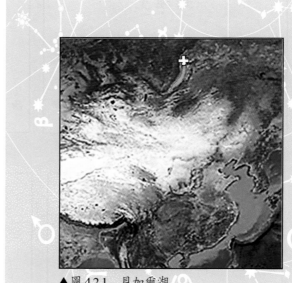

▲圖 4.2.1　貝加爾湖
白色十字標記處 N 55°81″
E 109°00″

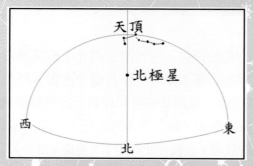

▲圖 4.2.2　霍去病看北斗 N55°（左）面北看（右）面南「倒看北斗」

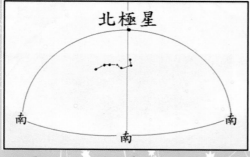

▲圖 4.2.3　在北極倒看北斗、極在天頂

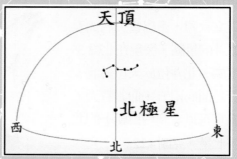

▲圖 4.2.4　在北回歸線看北斗

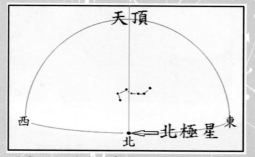

▲圖 4.2.5　在赤道看北斗，北極星在地平

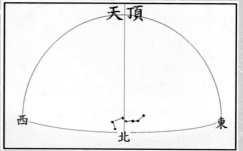

圖 4.2.6　在南回歸線看北斗

參宿和商宿──星空兩端的星宿

　　杜甫的五言詩中有一句話：「人生不相見，動如參與商」，參、商兩字是指兩個星宿，二者在空中分別位於近乎 180 度的兩端，一個升起另一個就落下，不會同時出現在星空中（見圖 4.2.7）。

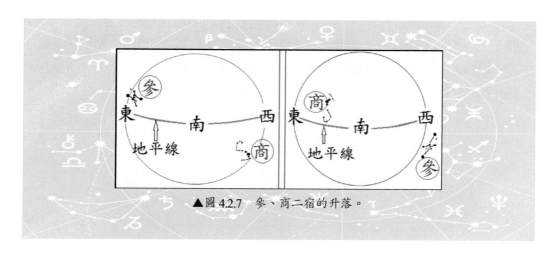

▲圖 4.2.7　參、商二宿的升落。

　　杜甫用它們比喻人生無常，有些人可能難得相見。星空中相距 180 度的星宿很多，為什麼偏偏找參和商為例呢？典故出處應是《春秋左傳‧昭公元年》：

　　「昔高辛氏有二子，伯曰閼伯，季曰實沈，居於曠林，不相能也。日尋干戈，以相征討。后帝不臧，遷閼伯於商丘，主辰。商人是因，故辰為商星。遷實沈於大夏，主參，唐人是因，以服事夏商，其季世曰唐叔虞。當武王邑姜方震大叔，夢帝謂已，余命而子曰虞，將與之唐屬諸參，而蕃育其子孫，及生有文在其手曰虞，遂以命之，及成王滅唐，而封大叔焉。故參為晉星。」

帝嚳把兩個無法化解仇恨的人，離得遠遠的，令閼伯遷於商丘，讓他祭祀、觀察東方的那顆紅星——大火，或稱商星；遷實沈於西方，祭祀、觀察參星。

　　參宿七星，是白虎的雙肩、腰帶及雙腿，雙肩之一的參宿四，紅色；雙腿之一的參宿七，銀色，二者均為一等亮星。參宿的參字，源自腰帶直線排列的參顆星。西方稱參宿為獵戶座。商星又名心宿二或大火，是青龍七宿之一「心宿」的主星。也就是西方天蠍座的主星，天蠍的心臟。參宿和商星分別標示冬、夏兩季的星空。

　　恰巧在希臘的神話故事中，也用參、商來說位於 180 度兩端的星座！獵人 Orion 得罪了天后 Hera，Hera 就令毒蠍去螫死獵人，但是獵人中毒倒地時也壓死了毒蠍。主神宙斯將死後的獵人和毒蠍變成為星空中的獵戶座（參宿）和天蠍座（商星），一個升起另一個就落下，讓這兩個冤家永不碰頭。

牛郎織女的故事──星球的距離和移轉

　　夏夜星空中牛郎、織女、天津四構成了醒目的夏季大三角，在光害不強的地方，可以看到銀河穿過三星，而傳說中牛郎織女的神話故事，更是家喻戶曉！

　　漢代古詩十九首・迢迢牽牛星：

迢迢牽牛星，皎皎河漢女。

纖纖擢素手，札札弄機杼。

終日不成章，泣涕零如雨。

河漢清且淺，相去復幾許？

盈盈一水間，脈脈不得語。

　　全詩構思巧妙，語意委婉，詩情畫意，動人心弦。此詩藉天上牛郎、織女二星被阻隔在銀河兩側，相望卻不能相聚的神話故事，來抒發人間有情男女被迫分離，相思而不能相會的哀怨（見圖4.2.8）。

　　《漢宮闕疏》：「昆明池有二石人，牽牛、織女象。」而《漢書・武帝紀》記錄昆明池建於元狩三年（西元前120年），可見牛郎織女的故事流傳已久，相關的詩詞也很多。

▲圖 4.2.8　牛郎織女圖，蔡忠翰繪

秋天由傍晚到午夜，我們會看到星空的夏季三角，由天津四伸出的「北十字」（天鵝座）不斷地轉向，由指南變為指西；而織女星由近頭頂的位置轉降至近西北的地平，牛郎星也由東方的高空轉降至比織女更靠西方的位置（見圖4.2.9）。

唐·杜甫的牽牛織女：「牽牛出河西，織女處其東。萬古永相望，七夕誰見同。」

杜甫的詩中「河西、河東」方位是否有誤，一直引起爭議。群星的東升西落，是地球自轉產生的相對運動，牛郎、織女二星誰在河東？誰在河西？可能也和觀測的時刻有關呢！

倒是杜甫說七夕沒人見過牛郎、織女相會，今日看來十分合理。因為牛郎星距地球16.77光年，織女星距地球25.30光年，它們彼此之間相距16光年。傳說中每年七夕夜兩星相會，更是從來不曾看到過。

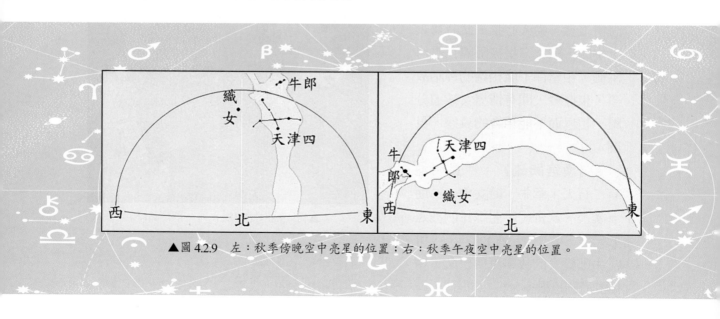

▲圖4.2.9　左：秋季傍晚空中亮星的位置；右：秋季午夜空中亮星的位置。

202

參宿是白虎七宿之一，它的附近還有恆星衰退的例子 —— M1 蟹狀星雲，可由天文軟體Stellarium去查看（見圖 4.2.10）。

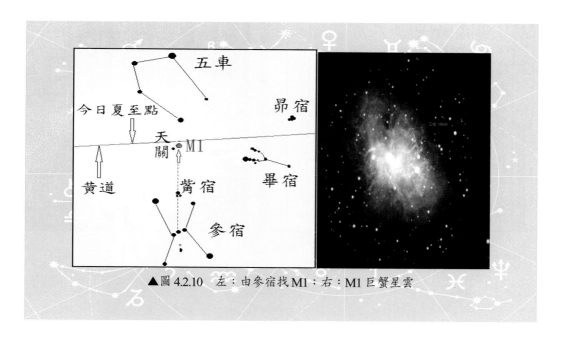

▲圖 4.2.10　左：由參宿找 M1；右：M1 巨蟹星雲

古代我國的天文研究，直接由朝廷管轄，留下許多珍貴的資料。在宋朝至和元年五月己丑（西元 1054 年 7 月 4 日）開始，看見天關星傍有赤白色的客星出現，最初的 23 天，即使在白晝，也亮如太白金星。直至一年多後的嘉佑元年三月辛未（1056 年 4 月 5 日）才消失不見。宋朝的天文觀測記錄如下（見圖 4.2.11）：

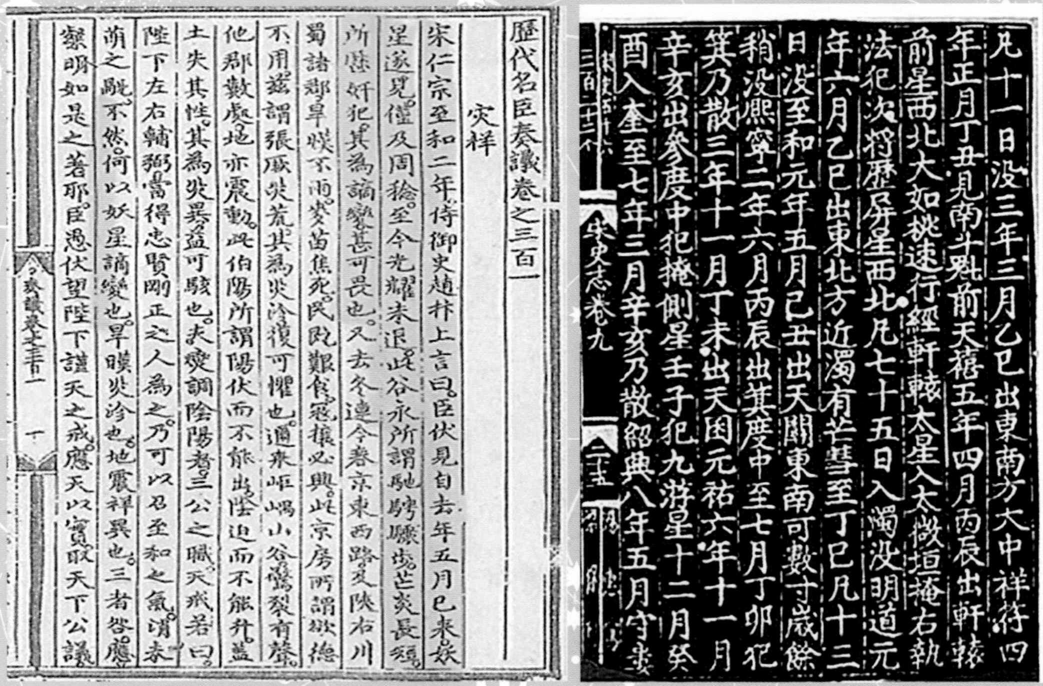

▲圖 4.2.11　宋朝天關客之記錄

《宋史・天文志》：

「宋至和元年五月己丑，客星出天關東南可數寸，歲餘稍沒。」

《宋會要》：

「嘉佑元年三月，司天監言：客星沒，客去之兆也。初，至和元年 5 月，晨出東方，守天關，晝見如太白，芒角四出，色赤白，凡見二十三日。」

《宋史・仁宗本紀》：

「嘉祐元年三月辛未，司天監言：自至和元年五月，客星晨，守天關，至是沒。」

　　宋朝在西元 1054 年第一次觀測並記錄天關星傍旁邊的客星，1942 年天文學家考證中國宋朝記錄的這個客星，其實是一個超新星的殘骸，名為 M1 蟹狀星雲，其中心是一顆中子星，直徑僅僅只有 30 千米，體積極小但轉速極快（33 次／秒），用現代最大口徑的光學望遠鏡都看不見它，但是用最先進的無線電波（射電）望遠鏡，仍然可以測得它發出持續的脈衝式輻射電波。

　　蟹狀星雲超新星說明了重質量恆星演化末期的情節，了解超新星爆炸後，產生中子星、發出 X 光、與脈衝式無線電波輻射的機制，以及殘骸膨脹的各種性質。宋人對此事件的獨家報導，顯示天文觀測與紀錄的重要性、再由理論與技術的激盪，開創了天文學的新局面。

淝水之戰──星宿與占星的故事

　　東晉太元八年（前秦建元十九年）（西元 383 年），前秦出兵伐晉，於淝水（安徽）交戰，東晉以八萬軍力擊敗號稱八十餘萬軍力的前秦大軍。

　　前秦大秦天王苻堅在短時間之內東滅前燕，南取梁、益二州，北併吞鮮卑，西併前涼，遠征西域，一統北方。之後苻堅決定攻擊偏安於南方的東晉。認爲「自己擁有百萬大軍，區區長江天險算什麼？只要士兵們把皮鞭投入長江，足可投鞭斷流」。

　　西元 378 年四月，前秦開始南征。西元 383 年苻堅親率步兵六十萬，騎兵二十七萬，以弟苻融爲先鋒，於八月大舉南侵。東晉丞相謝安臨危受命，由謝石等人，領八萬兵馬迎擊。苻堅自認爲能速戰速決，並派東晉受降人朱序前去勸降，朱序卻私下提示謝石宜先發制人。十二月，雙方決戰於淝水，晉軍要求對方稍微後退以便雙方在陸上交戰，苻堅過於輕敵竟然同意後退，由於秦軍人數過多，導致誤傳軍令，軍隊一退不可收拾，軍陣四處逃竄，草木皆兵風聲鶴唳，晉軍趁亂進攻，隨後全力出擊大敗秦軍，使南方獲得了數十年的安定。

　　在非正史的記述裡，淝水之戰還有一段星宿的故事：

　　淝水之戰開戰的那年（西元 383 年），木星（歲星）、土星（鎮星）鎮守在斗宿和牛宿之間，那時許多人都相信占星說的「木星、土星所在的星宿，國家有福，而星空另一側的星宿卻會有難。斗、牛二宿是東晉的分野，說明東晉正有天佑；而另一側的井宿，是前秦的分野，說明秦國今年是災難之年；何況，那年還曾有彗星出現在井宿，這更預示著秦國將有兇險，所以苻堅身邊的人都說千萬不能南征。苻堅不信，率軍南征，恰因過度輕敵而應驗了占星之說。

　　但是，用 Stellarium 查看一下，淝水之戰那年的星空，竟和上述故事不符，當年斗、牛之間只有木星，而星空 180 度的井宿處，卻有土星？！所以相關文獻上的資

料就有誤了！如此說來，有些資料不能盡信，需要查證，更何況稗官野史多的是事後諸葛，豈可信乎。

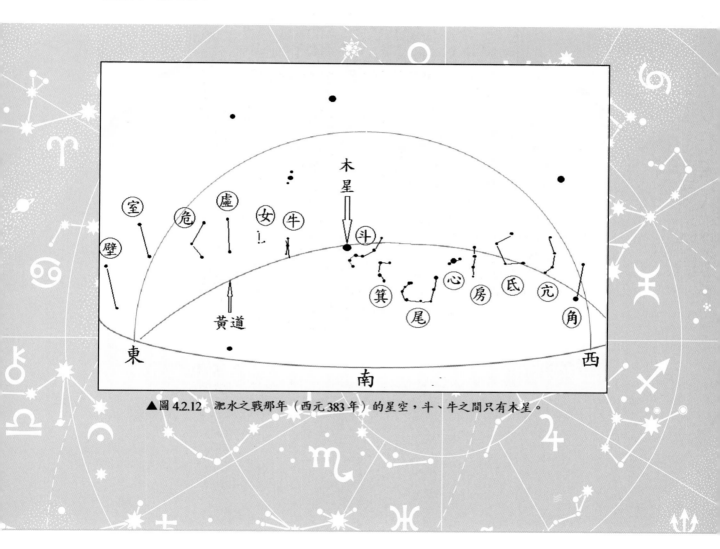

▲圖 4.2.12　淝水之戰那年（西元 383 年）的星空，斗、牛之間只有木星。

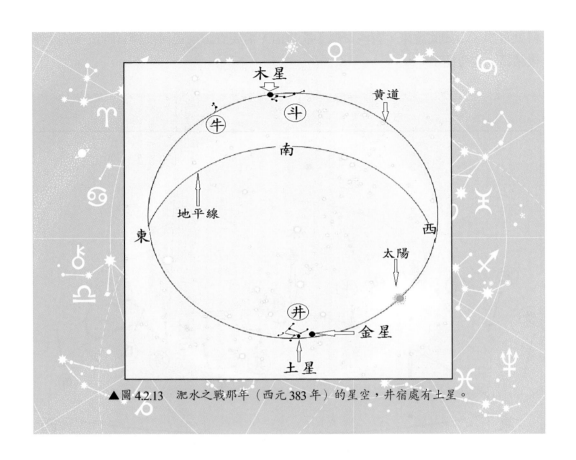

▲圖 4.2.13　淝水之戰那年（西元 383 年）的星空，井宿處有土星。

208

古星圖中的犬戎——烽火戲諸侯

　　中國古星圖三大戰場都有故事，其中最有名的事件是周幽王的「烽火戲諸侯」。

　　烽火台，是中國古代的戰略性建築，一般建在國界險要處。一旦發現敵情，便發出烽火示警。白天燃燒摻有牛糞的柴草，釋放濃煙；夜裡燃燒加入硫磺和硝石的乾柴，使火光通明。後方看見烽火便知有戰事發生，出兵相助。

　　古史載「秦築長城、起驪山之塚。」秦始皇統一中國後，將北邊的關隘、邊牆、烽火臺連接起來，其中周代建造地屬秦國的是驪山烽火臺。

　　《史記·周本紀》司馬遷說：「褒姒不好笑，幽王欲其笑，萬方故不笑」。周幽王的愛妃褒姒不喜笑，周幽王為了要她笑，天下百姓再也笑不起來了。因為幽王為博美人一笑，竟然無端地舉烽火將諸侯軍隊引來，褒姒看到他們緊張的糗態，終於大笑起來，諸侯上當一次，後果卻改變了歷史。後來幽王廢后改立褒姒，廢后的父親串連西夷犬戎進攻幽王。西元前 771 年，犬戎兵至，周幽王再燃烽火，諸侯以為又是一個玩笑，不再出兵救援。最後幽王在驪山下被殺，褒姒被擄下落不明，犬戎「盡取周賂而去」，西周滅亡。

　　唐代胡曾也寫有褒姒傾國詩：「恃寵嬌多得自由，驪山烽火戲諸侯。只知一笑傾人國，不覺胡塵滿玉樓。」

　　中國古星圖上，在北方玄武（斗、牛、女、虛、危、室、壁）之外側的北方戰場上，列出西夷犬戎之國的狗國星宿。

　　在西方寓言故事中「狼來了」的寓意和「烽火戲諸侯」相似，而狼來了或犬來了，又為中西天文的巧合又添一椿！

小結：

　　中西星座故事，有的浪漫纏綿、有的發人深省，卻都能引人入勝，深入人心，因此可以流傳久遠，但是其中所隱藏的秘密，卻要靠我們在學習天文的過程中，逐一解開。使用正確的知識和新穎的工具，未來的星座故事，可由你我試著編寫傳述下去。

第五章 星空攝影入門

美麗的星空可以靠著攝影留下回憶，並且與他人分享。把星空的照片存入電腦，深深細看，您可以找到肉眼看不出的星點來，這是追星的另一章——星空攝影。

212

第一節　用單眼相機拍星星

　　許多人都會認爲星空攝影很難，因爲星點很小、很遠、亮度不足，不易拍下星點；再加上地轉天旋的效應，使得照片上的星點變成了線狀的星跡。

拍攝技巧

　　晴空萬里星光燦爛，有單眼相機的人，用它的鏡頭調整光圈和焦距，用快門線或自拍快門曝光（為了避免按快門造成機身震動），星空的影像就留下來了。

　　單眼相機可以拍下逐個星點、星座、或是小範圍的星空。星星很遠，所以鏡頭的放大倍率要大；星空很暗，所以相機的感光度越高越好；地轉星移，所以曝光時間不能太長；星光不亮，因此進光量要大，即光圈數值要小；星點目標小，相機更忌抖動，一定要用又穩又重的腳架。

　　各種相機的性能和操作方式大同小異會有出入、各次拍攝的星空亮度各異，都會影響拍攝效果。所以建議要多拍、多練，多向天文攝影家請教，一定可以選出可用照片，並且不斷精進。

　　拍攝時，可將天空分區，分別拍攝，但須記錄方位（用指北針測）、仰角（用拳頭數測）、月、日、時、地點以及特別情況。事後再將拍攝資料轉入電腦，進行後製工作。

實例介紹

（一）在都市屋頂拍攝

單眼相機以 Nikon D70 為例，快門 3 秒～10 秒、光圈 2.8～3.6、感光度 ISO 值須調到最大。

1.屋頂拍星

不要讓四周的光直射入鏡、需要時可以用遮光罩去除光害的影響。隨時記錄拍攝時間、目標物的方位和仰角。第一次試拍成果如下（見圖 5.1.1～3）：

▲圖 5.1.1　屋頂拍星，工作者林宜政、施惠。地點：新竹教育大學

▲圖 5.1.2　用綠色雷射光指木星（西南、仰角 20°）2007.10.22 19：00

▲圖 5.1.3　月亮（農曆 22）下方的北落師門（南偏東、仰角 30°）
　　　　　2007.10.22. 19：30

2.南斗六星與北斗七星

　　南、北兩斗，大小不一、星數不同、四周的星空也不同。它們二者一南一北，若相機裝備不足，沒有拍攝全天星象的魚眼鏡頭時，無法在一張相片上呈現南斗和北斗，不易比較。可以各自拍下它們四周的星空，再來研究：

　　2007 年 10 月 24 日黃昏，拍了兩張南斗的照片，受地面燈光影響，相較於漆黑的星空，畫面反而更有變化。如圖 5.1.4 所示，南斗因其星點連線之形相似於北斗而得名，位置就在人馬座上，其西側有蛇夫座；圖 5.1.5 人馬座完整地呈現，其東北側有摩羯座。

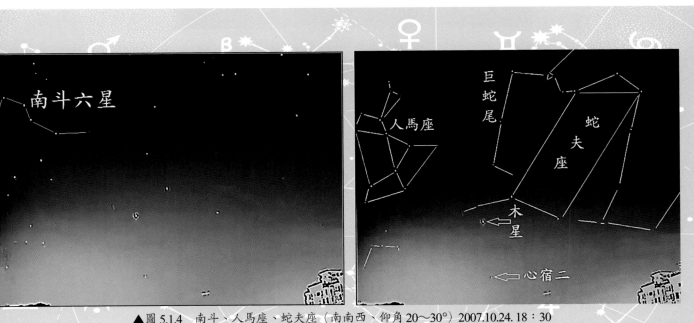

▲圖 5.1.4　南斗、人馬座、蛇夫座（南南西、仰角 20～30°）2007.10.24. 18：30

▲圖 5.1.5 人馬座東北有摩羯座（南南西 仰角 15～50°）
2007.10.24. 18：40

218

在北斗七星四周，有天龍座和北極星（見圖 5.1.6）（此圖是由加了赤道儀的相機拍的）。

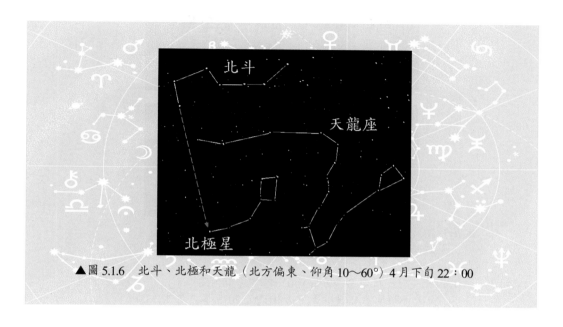

▲圖 5.1.6　北斗、北極和天龍（北方偏東、仰角 10〜60°）4 月下旬 22：00

　　由觀察和拍照的結果，可以證實南、北二斗四周的星空的確不同。
再將分別拍攝的南斗和北斗「同時參考天文軟體的資料」整理之後，將照片並列，說明二者的大小比例（見圖 5.1.7）。由這個方法可估計北斗比南斗約長 2.3 倍、高 3.3 倍。

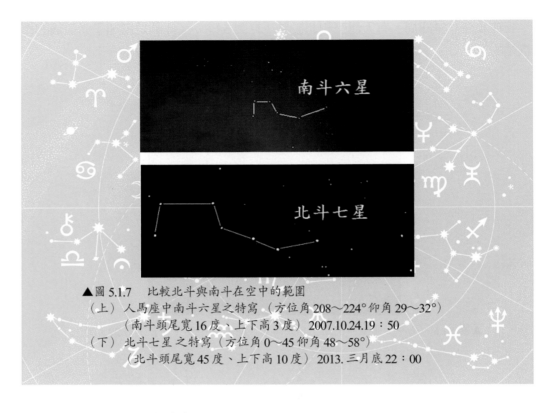

▲圖 5.1.7　比較北斗與南斗在空中的範圍
（上）人馬座中南斗六星之特寫（方位角 208～224° 仰角 29～32°）
　　　（南斗頭尾寬 16 度、上下高 3 度）2007.10.24.19：50
（下）北斗七星之特寫（方位角 0～45 仰角 48～58°）
　　　（北斗頭尾寬 45 度、上下高 10 度）2013. 三月底 22：00

（二）在都市地面拍攝

　　天氣好、沒有雲霧，在都市中平地空曠一點的地方，也能拍下燦爛奪目的星空。

1. 低空的星星

　　例如：秋夜仙后很容易辨識，由它指出北極，也可由它找出英仙座。

▲圖 5.1.8　秋夜星空 2007.11.16. 23：00（北方～東北、仰角 30°～60°）

2.頭頂的星空

　　有時即使鏡頭稍受路邊光照的影響，還能選出了不錯的照片，因為它仍能清楚地拍到每個星座。

　　十一月拍了秋夜高空星星，見圖 5.1.9，在照片的右側，首先找到七姐妹星團，由此往中央下方看，英仙座很完整；由英仙座最亮之 α 星往照片的左上角看過去，和此星同為二等星的仙女座之頭、胸、腳，就連出來了，這幾個星點之間距大約相等；七姐妹和仙女座之間有三角座和白羊座呢！

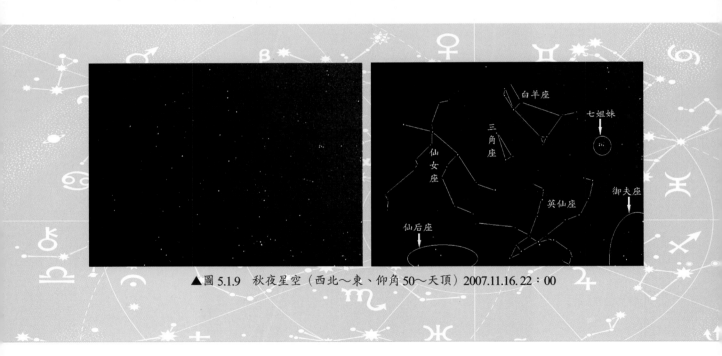

▲圖 5.1.9　秋夜星空（西北～東、仰角 50～天頂）2007.11.16. 22：00

222

在冬季拍星空，見圖 5.1.10，右下有橫臥的獵戶座；獵戶之左上方有似倒V字形的金牛臉和七姐妹星團；其左上是英仙座；左下有五邊形的御夫座。再查天文日曆，那天還有火星呢！

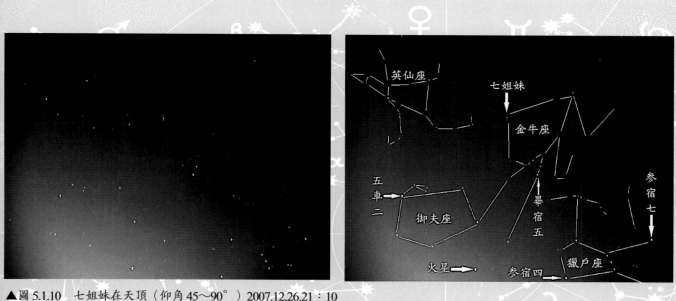

▲圖 5.1.10　七姐妹在天頂（仰角 45～90°）2007.12.26.21：10
由七姐妹往獵戶腰帶為東南方、往御夫座為東北方、往英仙座為北方。

八月底,拍到了天頂的夏季大三角(見圖 5.1.11),與星圖核對,可將星點逐一連線出來。首先將牛郎、織女、天津四連出直角三角形。再細看,可見牛郎星兩側的扁擔星;織女星和四周的小星可連成一個小三角和一個平行四邊形,就是天琴座;由天津四找出天鵝座的雙翼和身體;在夏季大三角之中的天箭和狐狸座、及大三角之外的海豚座(請參看第二章第二節 四季星座簡介)。

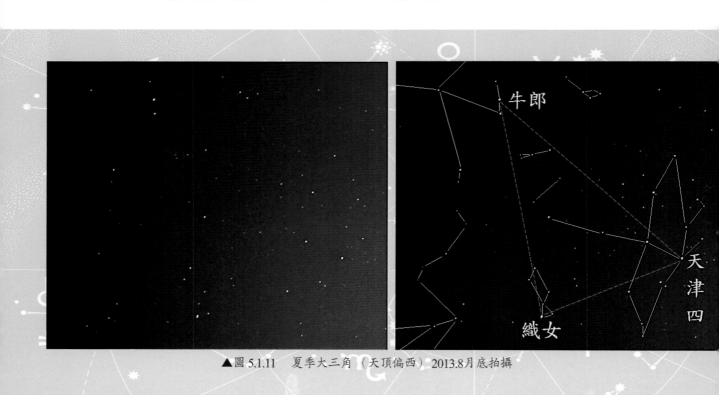

▲圖 5.1.11　夏季大三角 (天頂偏西) 2013.8月底拍攝

3. 校園的星空

2013 年冬天，在校園裡看到燦爛的星光，就呼朋引伴地要大家來欣賞，要親近自然、不要只當低頭族！其中李韋呈拍下了一系列的美麗星空。很自然地，我們就把星點連了起來（見圖 5.1.12～13）。

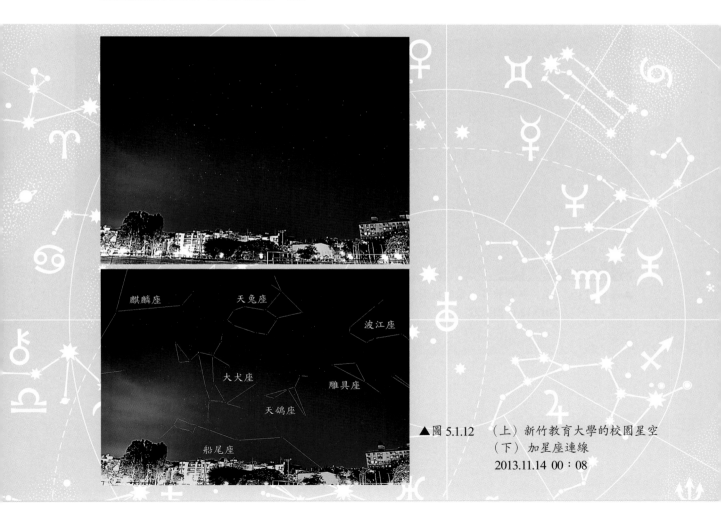

▲圖 5.1.12 （上）新竹教育大學的校園星空
（下）加星座連線
2013.11.14 00：08

▲圖 5.1.13 （左）新竹教育大學的校園星空 （右）將星座連線
2013.12.1. 23：22

雙子座

木星

小犬座

麒麟座

巨蟹座

長蛇座

第二節 用赤道儀及數位相機拍攝星空

星空因地球自轉而產生斗轉星移的現象，因此攝影機的腳架上需要增加相對應的設備——赤道儀。

✳ 赤道儀和數位單眼相機

　　站在自轉的地球上望星空，看到的總是天旋而不是地轉，照相機對準某一個星體，過不了一會兒，星點就偏了，拍下的照片是星跡而不是星點。要拍星點，就可以加裝赤道儀，它以一根相當於地球自轉的極軸，可隨著天空同步旋轉。

　　赤道儀裝在三腳架上，再把相機鎖在赤道儀上，經過精密校正後，它會使相機鏡頭「精確地追隨目標星體運行」，拍下清晰的星點和星座。光度很弱的星體可以利用赤道儀追蹤的特性，增加相機的曝光時間，在照片中呈現出來。以低倍率（約 5 倍）的極軸望遠鏡「對準天球極點定位赤道儀」，極軸傾斜的角度等於觀測地的緯度。各家出品的赤道儀略有不同，依其指示校正觀測地的時間與極軸，或用自動導入赤道儀，由電腦控制，作業起來就更為方便了。

　　若以數位單眼相機拍攝星空時（以 NAKON D3100 為例），採用手動方式（選用功能設定為轉盤上的 M）；ISO 值設定為 1600 或 3200；設定曝光時間約 1 秒上下；對著鏡頭以逆時鐘方向、將鏡頭最前端旋鈕旋轉到底（可拍攝到無限遠處之星星）；旋轉機身旋鈕、視角放到最大（18、相當於 F4 之光圈）；為了避免按快門時造成機身震動、一定要用自拍快門（設定鈕在功能設定轉盤的右邊、調至第三檔）或 B 快門；將相機鎖定在重的大三腳架上（避免晃動）。

　　拍攝時依當時環境條件，試著調整 ISO 值、曝光時間（最大 30 秒）、光圈 F 值（最大為 4）。隨著攝影器材的數位化，省去了可觀的底片耗材費用，現今的同好們可以更大膽的嘗試，更多意外的驚喜在等著您！

（一）高山觀星

選擇新竹縣尖石鄉宇老村附近的高山為觀星地，它在前山與後山交界處、海拔約 800 公尺，光害較少。

2009 年 1 月 19 日，入夜後漸漸雲開霧散，特別商請民宿關燈，以利觀星。滿天星斗、星光燦爛、星點清晰，甚至連星星的顏色都看得一清二楚（見圖 5.2.1）！

21：00 開始工作，用赤道儀及數位相機拍攝星空的作品介紹如下（工作者是：巫俊明、傅祖業、施惠）：

▲圖 5.2.1　　（左、右）在民宿庭院中，以大手電之燈光做觀星攝影的準備。

第一個分辨出來的是獵戶座，腰帶三星一直線是最顯著的標幟，紅色的參宿四、青白色的參宿七、它佩帶的獵刀 M42……，給獵戶座一個特寫吧（見圖 5.2.2）。

▲圖 5.2.2　獵戶座在東南～南 仰角：50～75 度（21：00）

　　接著遠方有人在焚燒稻草，天空出現紅光，滿天星星，還能分辨，在圖 5.2.3 中央稍靠上方的獵戶、中央下方的大犬……，都是冬季南天的星座。將拍下的照片拷貝之後，在電腦上將星點連線，並加註星座名稱。

　　拍照的後製作工作，向來都是我一手包辦，我還樂此不疲呢！畫出了獵戶下方的天兔、天鴿，更畫出了小犬和獵戶之間的麒麟座。

▲圖 5.2.3

（上）冬季南天的星座，方位東南～南、仰角20～70（21：05）。

（下）將拍下的照片拷貝之後，在電腦上將星點連線，並加註星座名稱。

鏡頭轉向東方的上空，對著頭下腳上的雙子座，畫面也帶入了地面的樹梢，星空真美（見圖 5.2.4）！我們為了觀星跑到這麼遠的山上，遇到疑是有人焚燒稻草，這把山邊的野火映得半天般紅，天上千萬顆星星閃閃爍爍，像似被嗆得直眨眼，眼前這詭異的美景，引發了對古書中「燎天」傳說的趣味連想，古有狂人竟欲舉火燎天，真是不知天高地厚，豈不令人莞爾。常見的星空攝影，背景難免比較單調，此次無心插柳，卻意外拍到幾張我們的藝術作品，深受鼓舞之餘，對於往後的觀星之旅，更加充滿期待。

　　稍晚面向西南，見到金牛座的兩隻牛角幾乎近於天頂，拍下畫面如圖 5.2.5，可以見到 v 字型的金牛臉和橙紅色的牛眼畢宿五，及其右下側的七姐妹昴宿星團；畫面左側是獵戶座；畫面右側是御夫座。雖然畫面中有四顆一等亮星，其中星點最亮的是黃色的五車二。

　　接著轉回東方，將御夫、雙子和獵戶的相對位置再拍一次，雙子左腳在天頂（見圖 5.2.6）。這樣算是將冬季大橢圓的星空都分區拍到了！

　　很晚了，怎麼遠方又有人在燒稻草，我朝那兒望去，泛紅的低空上，幾顆星點似乎可以連成一個橫著反寫的問號，是獅子座嗎？取出指北針鑑定一下，是東方，隨著冬季星座由東方升起的該是春季星座，獅子座正是春天的代表星座之一、應該沒錯！

　　我趕緊將這個發現告訴另外的兩位伙伴，之前我們都沒見過剛升起的獅子座，再仔細觀察，它像是背朝北方、頭上尾下，不過尾端南側怎會有顆亮星？立刻用電腦上天文軟體 Stellarium 查詢，那時土星恰好在東升的獅子座尾部（見圖 5.2.7）。

　　循著獅子座上升的方向看去，大約隔了 30 度，依序找到雙子座、金牛座，這幾個黃道上的生日星座，其中空開的是巨蟹座，可能是它的星點不夠亮，那晚沒能見到。

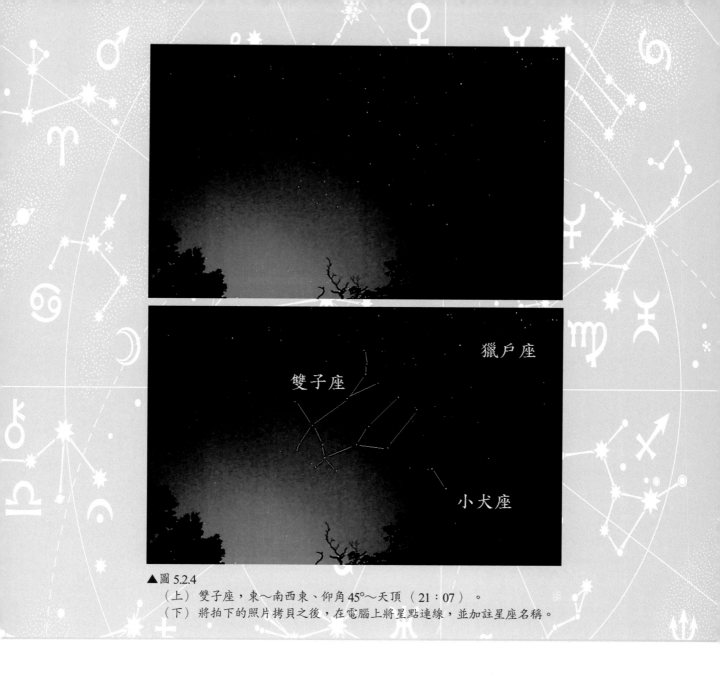

▲圖 5.2.4

（上）雙子座，東～南西東、仰角 45°～天頂（21：07）。

（下）將拍下的照片拷貝之後，在電腦上將星點連線，並加註星座名稱。

雙子座

獵戶座

小犬座

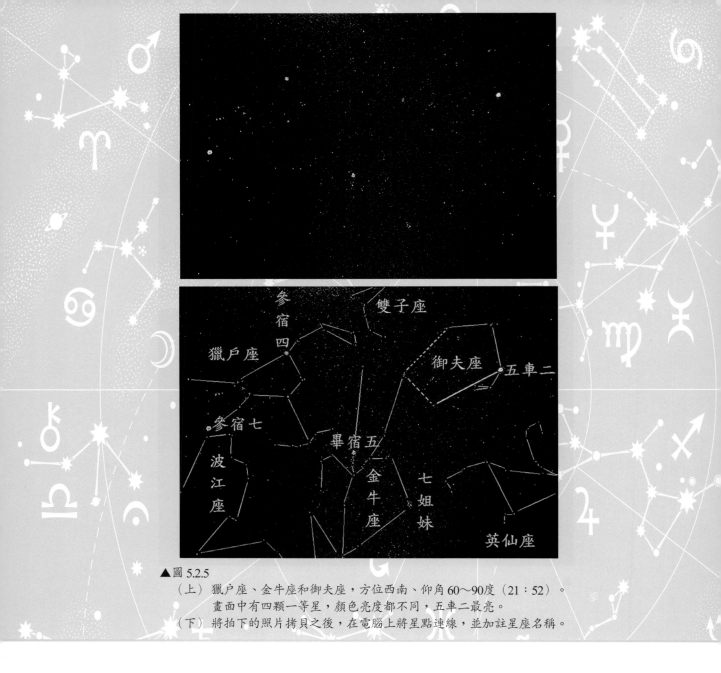

▲圖 5.2.5

（上）獵戶座、金牛座和御夫座，方位西南、仰角 60～90 度（21：52）。
　　　畫面中有四顆一等星，顏色亮度都不同，五車二最亮。
（下）將拍下的照片拷貝之後，在電腦上將星點連線，並加註星座名稱。

五車二　御夫座

畢宿五　獵戶座　參宿七

參宿四

麒麟座

北河三　雙子座

▲圖 5.2.6

（上）面向東方仰望天頂見雙子座頭下腳上，其左腳正在天頂（22：09）

（下）將拍下的照片拷貝之後，在電腦上將星點連線，並加註星座名稱。

▲圖 5.2.7

（上）背景泛紅的獅子座，方位正東、仰角 10～55 度（22：27）

（下）將拍下的照片拷貝之後，在電腦上將星點連線，並加註星座名稱，獅子座尾
部偏南有顆亮星，由 Stellarium 查詢，得知它是土星。

（二）平地觀星

歐震博士是科技公司主管，由大學時代開始他就喜愛天文，有專業水準的天文攝影作品——「Crux's 天文風景站」，除了令人賞心悅目之外，我們還可以從中學習知識。感謝歐震博士允許我將他的作品，用在教學、演講和專書上。

1. 一夜看三季

2012 年 7 月 11 日，他在新竹住家處觀星，用魚眼鏡頭記錄了一夜看三季的縮時星空，我以其中的兩個畫面，定格連線呈現出來，方便大家辨識。在圖 5.2.8 之中，有西側春季的北斗和大角星；中央的天龍星座和北極星；東側的夏季大三角。拍攝時間是當天晚上十點鐘。

時間過了 6 小時，是次日清晨四點鐘，攝影機仍然面向北方、有月光陪襯、星空寧靜而美麗；北斗沒入地平；夏季大三角已移到西側，秋季四邊形在東側近天頂處；仙后、仙女清晰可辨。其中由秋季四邊形、仙女座和英仙座合成的「大斗」，有五顆「幾乎在一直線上、間距相近的」二等星，在圖 5.2.9 中找找看（請參看第二章第二節四季星座之簡介）！

2. 北天星軌

北極星非常接近天球北極，一般都以它為北方的方位指標。為了這張長時間曝光的北天星軌（見圖 5.2.10），在新竹自宅歐震博士試了好幾個晚上，才拍攝成功，他說：「接近圓心中間那個軌跡是北極星，由此可見北極星不是在真正的正北方，整個星軌走半圈，要 12 小時，這在臺灣不太容易拍，因為即使是冬至，天黑的時間頂多也只有 10 小時左右，以後有機會去北極或南極,那裡有 24 小時的黑夜，就可以拍到星軌繞一整圈的景觀。圖中的雲是半夜意外出現的，開始拍時與結束時都沒看到天空有雲……不過因此也讓整個畫面更為豐富。」

拍攝星軌就不用加裝赤道儀了。

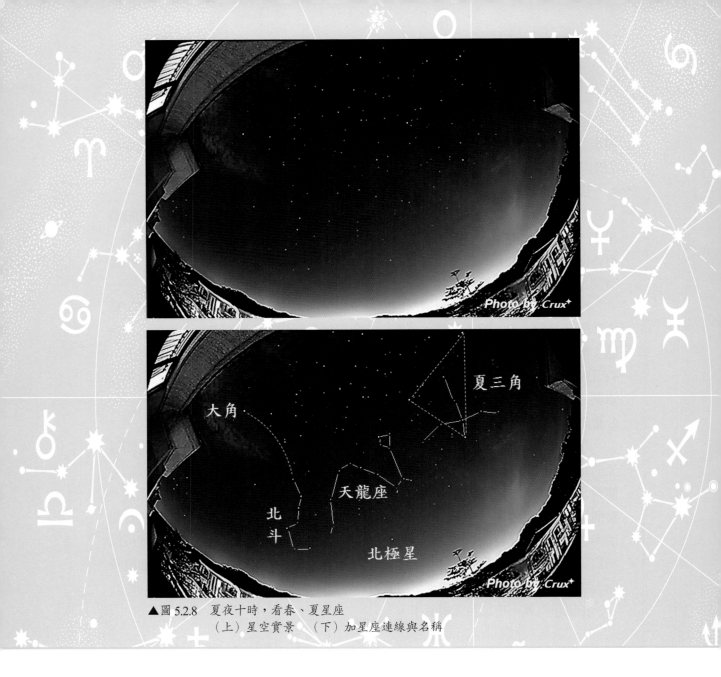

▲圖 5.2.8　夏夜十時，看春、夏星座
　　　　（上）星空實景　　（下）加星座連線與名稱

大角
夏三角
天龍座
北斗
北極星

Photo by Crux

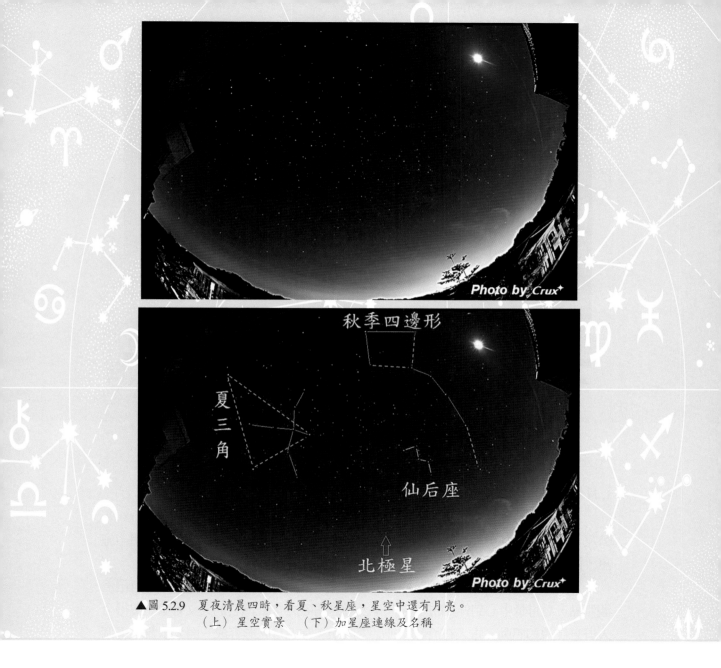

秋季四邊形

夏三角

仙后座

北極星

Photo by Crux⁺

▲圖 5.2.9　夏夜清晨四時，看夏、秋星座，星空中還有月亮。
　　　　　（上）星空實景　　（下）加星座連線及名稱

▲圖 5.2.10　北天星軌 2010.12.26. 19:34～次日 03:52

（三）登峰觀景

1. 月暈中的星光

　　2009 年 4 月 2 日到太魯閣國家公園去觀星，那晚真幸運，在昆陽（海拔 3000 多公尺）我們看到了美麗的月暈，和其中隱約可見的幾顆星點。同行者有<u>巫俊明</u>、<u>施惠</u>、<u>傅祖業</u>和<u>涂寬裕</u>。

　　月光透過高空的冰晶，折射成一個大光環，中間圈出一個銀白亮區。以自己為觀測點，看月暈中心到外環的夾角約為 22 度。靜夜中如此醒目的天文景象，美得令人屏息注視和感動。古人在詩歌和神話傳說中，常把月亮形容成一面大銀盤，這個

月暈真像一面無與倫比的大銀盤，若非身歷其境，豈能體會這樣的美景於萬一（見圖 5.2.11）。

在電腦上將月暈照片調得更清晰時，看清了其中的亮星，當時的月亮幾乎極為巧合地在冬季大橢圓之中呢！月暈持續了半個多小時，當薄紗般的冰晶層退去之後，月暈中央原來看似圓圓的一個月亮，才再次回復為農曆初七的上弦月！

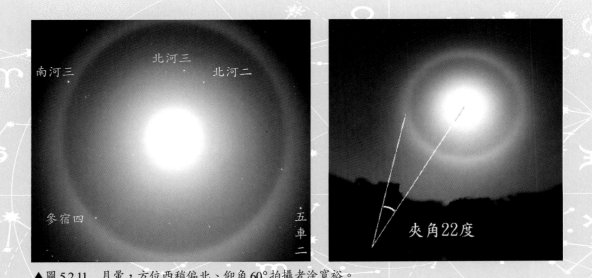

▲圖 5.2.11　月暈，方位西稍偏北、仰角 60° 拍攝者涂寬裕。
　　　　　　時間：2009 年 4 月 2 日 20：10

2. 彗星

2013 年的天文盛事：可以觀測到好幾顆彗星。其中可能源自太陽系外圍的艾桑（ISON）彗星，在 11 月時大家都引頸期盼它的大駕光臨，因為預測這顆彗星的亮

度，就連月亮也恐將相形失色。然而雷聲大雨點小，它不如預期的明亮。在同一時期最值得拍攝觀賞的，反而是 Lovejoy 彗星，11 月中下旬至 12 月下旬期間，它的目視亮度可達 4～5 等，肉眼可見。歐震博士分別在合歡山昆陽和南投翠峰（海拔 2309 公尺）用天文望遠鏡拍下了這兩顆彗星的倩影（見圖 5.2.12～13）。

2013 年 11 月 29 日凌晨，美國國家航空暨太空總署（NASA）公布，他們觀察到眾所矚目的艾桑彗星，於最接近太陽的時候，因為受到太陽光和熱的影響，逐步崩解、蒸發、消失。原先大家熱烈期待，能在 12 月上旬用肉眼親見 ISON 彗星的長尾巴（彗尾），但是現在已經不可能再看到它了。

曙光中的ISON彗星
2013/11/18 05:21 攝於合歡山昆陽
Canon 550D (IR 濾鏡改造) + Sigma 150-500mm f/5.6-6.3 (@289mm)
ISO800, f/5.6, Exp. 共5min (10 frames), 高橋P-2Z赤道儀
Photo by Crux⁺

▲圖 5.2.12　曙光中的 ISON 彗星 2013.11.18.

▲圖 5.2.13　兩張 Lovejoy 彗星 2013.11.24 攝於翠峰（Star Party）

　　彗星也是太陽系中的成員之一，它是一種外觀雲霧狀、繞太陽運行的小天體，它不會發光，能反射陽光，當它走近太陽時我們才能看見它。其構造分為三部分：
- ·彗核：含塵埃、石塊、冰塊及凝固的氨、甲烷、二氧化碳等物。
- ·彗髮：彗星運行到太陽附近，受陽光照射，冷凝物與固體中吸附的氣體被蒸發在彗核之外，形成反射陽光的氣團，叫彗髮。
- ·彗尾：靠近太陽時，彗髮受輻射太陽風吹裂，向遠離太陽的方向流動叫彗尾。其成分有較短的塵埃尾和長長的離子尾（見圖 5.2.14）。

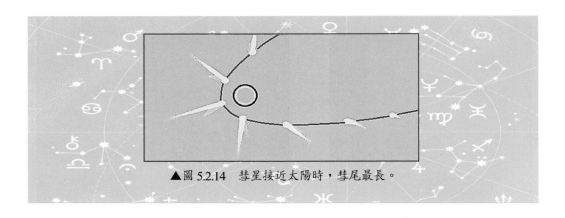
▲圖 5.2.14　彗星接近太陽時，彗尾最長。

　　彗星因其外形中國古代稱之為掃帚星，它的英文名字 comet 源自希臘文，也是尾巴、毛髮之意。在科學研究未明之時，中、西雙方都曾認為彗星與世間戰爭、災難有關。

　　彗星是一種很特殊的星體，與生命的起源可能有著重要的聯繫。彗星中含有很多氣體和揮發成分。經光譜分析，彗星中富含有機分子，因而有此推測，這種說法聽聽可也，要讓我們相信它，必須要有證據。

　　地球穿過彗星軌道時，大量彗星碎屑進入大氣層，摩擦生光飛流而逝，形成大家喜愛的流星雨。古書：「夜中星殞如雨……」應是流星雨的描述。如果這些碎屑在撞入地球大氣層時，未能完全燃燒，落到地面就是隕石了。

3. 銀河

　　在合歡山的昆陽，歐震博士曾在夏夜（2012.8.11. 21：56）拍過一張雨後的銀河，畫面由南偏西帶到西偏北，因此星座中的南冕、北冕都入鏡了！當然在銀河最亮眼部位之前方，天蠍、人馬都很明顯：天蠍橫臥、即將沒入地平；而人馬座中的南斗六星，杓口在銀河外、杓柄在銀河內、弓箭在蠍尾上方；畫面中央還能找出蛇夫和巨蛇座呢（見圖 5.2.15）！攝影者立足於高處，向著南方取鏡，地景開闊沒有障礙，高處的雲系綿延不盡，何止千里，低處還有雲海、像是厚重的地氈鋪在腳下。

雨後銀河

2012/8/11 21:56 攝於合歡山昆陽
Canon EOS 5D Mark II + Nikkor 14-24mm, F2.8 ISO3200, Exp. 30 sec

Photo by Crux⁺

人馬座

南冕

蛇夫座

北冕

天蠍座

雨後銀河

2012/8/11 21:56 攝於合歡山昆陽
Canon EOS 5D Mark II + Nikkor 14-24mm, F2.8 ISO3200, Exp. 30 sec

Photo by Crux⁺

▲圖 5.2.15　夏夜的雨後銀河 方位南偏西～西偏北、仰角 0～45°

天空是如此遼闊，好像天造地設的大舞臺，容得下無數的星星由東向西依序輪番上臺，為我們演出它們精彩的故事。一夜三季、日復一日、月月年年。

小結：

　　滿天星斗，對初學者而言，增加了辨識上的困擾，其實只要掌握最有特徵的星座、星點的排列形狀以及星座之間的相對位置，再和星圖核對，就能逐一辨識它們了。大家不妨將本節每一張星空照片和它的星座連線圖逐一比對，試試看自己的認星功力如何？

　　去戶外觀星、認星的樂趣，是天文愛好者所獨享的。長期從書本上、網路上的學習，到了戶外抬頭觀星時，一切的辛苦都會得到甜美的回報，所有的努力化成了生活的、有用的、更強化、深化的知識。

　　過去攝影是一種昂貴的嗜好，如今隨著數位相機問世，智慧型手機也具備了拍攝功能，拍您所見、愛您所拍。僅管天文美景稍縱即逝，但能透過攝影將畫面保留，又可隨時取出對比、研究，更可以透過網路分享給親朋好友，現代的追星族，真是太幸福了。

國家圖書館出版品預行編目資料

輕鬆成為觀星達人／施惠著.--四版.--
臺北市：五南圖書出版股份有限公司，
2023.02
面；　公分
ISBN 978-626-343-750-0（平裝）

1.CST: 實用天文學　2.CST: 觀星

322　　　　　　　　　112000615

YC18

輕鬆成為觀星達人

作　　者 ─ 施　惠（160）

發 行 人 ─ 楊榮川

總 經 理 ─ 楊士清

總 編 輯 ─ 楊秀麗

副總編輯 ─ 王正華

責任編輯 ─ 張維文

封面設計 ─ 姚孝慈

出 版 者 ─ 五南圖書出版股份有限公司

地　　址：106台北市大安區和平東路二段339號4樓

電　　話：(02)2705-5066　　傳　　真：(02)2706-6100

網　　址：https://www.wunan.com.tw

電子郵件：wunan@wunan.com.tw

劃撥帳號：01068953

戶　　名：五南圖書出版股份有限公司

法律顧問　林勝安律師

出版日期　2014 年 3 月初版一刷
　　　　　2015 年 10 月二版一刷
　　　　　2019 年 7 月三版一刷
　　　　　2023 年 2 月四版一刷

定　　價　新臺幣420元

經典永恆・名著常在

五十週年的獻禮 —— 經典名著文庫

五南，五十年了，半個世紀，人生旅程的一大半，走過來了。

思索著，邁向百年的未來歷程，能為知識界、文化學術界作些什麼？

在速食文化的生態下，有什麼值得讓人雋永品味的？

歷代經典・當今名著，經過時間的洗禮，千錘百鍊，流傳至今，光芒耀人；

不僅使我們能領悟前人的智慧，同時也增深加廣我們思考的深度與視野。

我們決心投入巨資，有計畫的系統梳選，成立「經典名著文庫」，

希望收入古今中外思想性的、充滿睿智與獨見的經典、名著。

這是一項理想性的、永續性的巨大出版工程。

不在意讀者的眾寡，只考慮它的學術價值，力求完整展現先哲思想的軌跡；

為知識界開啟一片智慧之窗，營造一座百花綻放的世界文明公園，

任君遨遊、取菁吸蜜、嘉惠學子！